Siri Helle, geboren 1982, ist Agrarwissenschaftlerin. Sie arbeitet als Autorin, Journalistin, Tischlergehilfin und Ziegenhirtin.

«Dieses Gefühl. Der Baum fällt genau dorthin, wo ich ihn haben wollte. Das ist das eine. Die Hütte steht noch. Dann ist da noch dieses andere Gefühl: Ich habe es geschafft. Ganz allein, mit meinen eigenen Händen und mit meinem eigenen noch recht neuen Wissen. Das ist das Wichtigste. Dass ich allein drauf gekommen bin, was zu tun ist. Großer, schwerer Baum gegen kleine, unerfahrene Frau – das ist ein Auswärtssieg. Ich bin wirklich ein echter David, wie ich hier stehe und den Baum betrachte, der besiegt auf der Erde liegt, und die Arme in den Himmel recke wie eine Weltmeisterin, die keiner sieht.»

SIRI HELLE

MIT MEINEN HÄNDEN

VOM GLÜCK, ETWAS SELBST ZU MACHEN

Aus dem Norwegischen von Anne von Canal

Rowohlt Taschenbuch Verlag

Die norwegische Originalausgabe erschien 2020 unter dem Titel
«Med berre nevane» bei Samlaget, Oslo.

Deutsche Erstausgabe
Veröffentlicht im Rowohlt Taschenbuch Verlag, Hamburg, Juni 2022
Copyright © 2022 by Rowohlt Verlag GmbH, Hamburg
«Med berre nevane» Copyright © Siri Helle, 2020 by Det Norske Samlaget.
Published in agreement with Northern Stories
Übersetzung Seite 109 bis 139 Ebba Drolshagen
Covergestaltung zero-media.net, München
Coverabbildung FinePic, München
Innentypographie Lucie Jürgens
Satz ScalaPro bei Pinkuin Satz und Datentechnik, Berlin
Druck und Bindung GGP Media GmbH, Pößneck, Germany
ISBN 978-3-499-00795-8

INHALT

In der mir meine Hände einen neuen Blick auf die Welt eröffnen

Eigentlich ist es viel zu warm in der Sonne. Zu warm für Schutzkleidung und Gehörschutz und eine warm gelaufene Motorsäge, zu warm für den Hackklotz und die Axt, der Schweiß rinnt und vermischt sich mit dem Sägestaub und den Nadeln der Fichte, die ich bearbeite. Ich trinke immer wieder Wasser aus dem Fluss hinter der Hütte, aber der Durst bleibt. Trotzdem mache ich weiter.

Nicht weil ich muss. Niemand bezahlt mich dafür, dass ich diesen Baum fälle, ihn entaste, in handliche Stücke zerlege, in Scheite zerteile und an der Wand hinter meiner Hütte aufstaple, meiner Hütte ohne Strom, die einen halbstündigen Fußmarsch von meinem Heimatort Holmedal entfernt liegt, ziemlich weit draußen an der Küste vielleicht, aber ansonsten ziemlich zentral im Bezirk Sogn und der Fjordlandschaft. Niemand würde mich kritisieren, wenn ich es einfach sein ließe, wenn ich mich stattdessen zum Beispiel auf einen Stein am Fluss legte und die Füße ins Wasser hielte oder das täte, was ich eigentlich sollte: im Büro vor dem Bildschirm sitzen.

Eines weiß ich aber ganz genau: Ich würde nichts anderes lieber tun. Wenn ich beim Holzhacken in Schwung bin, wenn die Holzscheite, die Axt und ich unseren Rhythmus finden, kann ich ewig weitermachen. Die Arbeit erfüllt meinen Körper, die Wiederholungen erfüllen meinen Kopf, und gerade jetzt ist dies – mein eigenes Holz zu hacken – der Sinn des Lebens.

Und dann gehen die Gedanken ihren Gang. Wahrscheinlich war es in einem solchen Moment, während ich hackte, kürzte und spaltete, als ich begriff, dass ich die Welt von den Händen ausgehend verstehe. Durch sie – und durch das, was sie können und tun und nicht tun dürfen – spüre ich Freude, sie vermitteln mir das Gefühl, etwas geschafft zu haben. Mit ihnen kann ich das meiste, das in unserer Gesellschaft gut und schlecht ist, zusammenfassen.

Dies ist die Geschichte meines Wegs zurück zu meinen Händen. Sie handelt davon, wie man sich in einer Hütte zu Hause fühlt, vom Wunsch, etwas zu erschaffen, und dem fernen Wunsch, mit den eigenen Händen ein Haus zu bauen, ein Wunsch, der Wirklichkeit wurde – in Form eines Außenklos.

Ich liebe es, Dinge zu bauen. Dinge herzustellen. Produzieren, schaffen, verwirklichen. Und ich hasse es, Dinge herzustellen. Beides entspricht der Wahrheit. Der Unterschied: das Gefühl der Bewältigung (und ein bisschen auch das Werkzeug). Es geht nicht unbedingt darum, ob mir das, was ich mir vorgenommen habe, sofort gelingt, sondern darum, ob ich das Gefühl habe, dass ich es mit der Zeit werde schaffen können.

Ich wünschte, jemand hätte mir die folgenden zwei Dinge früher gesagt: Zum einen, dass ich gerne Dinge herstelle, und zum anderen, dass ich arbeiten muss, um es zu schaffen. Denn für mich als gute Schülerin war es eine Selbstverständlichkeit, dass ich auf dem Gymnasium einen Weg einschlage, der mir anschließend die Tür zur Universität eröffnete, und dass ich da auch hingehen würde.

So kam es nicht. Als ich 28 Jahre alt war, begann ich stattdessen eine Ausbildung in der Landwirtschaft. Und dort, zwischen den Melkbechern, die sich an den falschen Stellen festsaugten, und Ziegen, die mich nicht respektierten, zwischen Kartoffeln, die ich mit der Gabel aufspießte, und einer Axt, die nicht dort einschlug, wo ich es wollte, entdeckte ich, was mir all die Jahre gefehlt hatte: Ich hatte mich nie ganz eingebracht. Ich hatte meinen Körper vergessen. Meine Hände.

Damit bin ich, glaube ich, nicht allein, und darum handelt dieses Buch auch nicht nur von mir. Menschen, die praktischer Arbeit nachgehen – Handwerker:innen –, sind unersetzlich, und wir müssen dafür kämpfen, dass sie überleben. Aber um wirklich den Wert ihrer Arbeit zu erkennen, dürfen sie mit ihrem Wissen nicht allein bleiben.

Nicht alle können Handwerker werden, nicht jeder kann einer praktischen Arbeit nachgehen. Nicht alle können sich ihr eigenes Besteck hämmern, ihre eigene Nahrung produzieren oder ihr eigenes Außenklo bauen. Aber nachdem ich nun selbst praktisch gearbeitet habe, bin ich zu der Überzeugung gekommen, dass alle die Chance haben sollten, ihr gesamtes Ich einzusetzen.

Was passiert mit dem Körper, wenn er nicht mehr regelmäßig für physische Arbeit gebraucht wird? Was geschieht mit unseren Händen und was mit unserer Gesellschaft, die zu bilden uns so viel Zeit und Kraft gekostet hat?

Früher einmal waren wir alle Seiler. Da schälten wir im Frühling Birken und Linden, weichten die Rinde über den Sommer ein und machten Lindenbastseile daraus. Wir kannten jeden Millimeter des fertigen Produkts und wussten genau um seine Qualitäten und wie viel Arbeit darin steckte. Darum gaben wir auch gut darauf acht, und darum hatten wir auch keine Angst, unsere Kinder damit hochzuheben. Wir vertrauten unserem Können. Heute geht das nicht mehr – und wir vertrauen stattdessen dem CE-Siegel.

Wenn man keinen Reißverschluss mehr auswechseln kann, vertraut man billigen Hosen. Je weniger Reifen man wechselt, desto weniger versteht man von den Autos, denen wir unser Leben anvertrauen. Und je weniger Leute wissen, wie viel Arbeit es macht, eine Fensterscheibe auszutauschen oder einen Blumenkohl anzupflanzen, umso schwieriger wird es für den Schreiner oder den Bauern, eine faire Bezahlung für seine Arbeit zu bekommen. Ich könnte noch lange so weitermachen.

Dieser Übergang – dass die Mehrzahl der Menschen vom Produzenten zum Konsumenten geworden ist, vom Macher zum Denker, vom Praktiker zum Theoretiker – ist eine der größten Veränderungen unserer modernen Gesellschaft. Trotzdem sprechen wir nicht besonders viel darüber.

Der moderne westliche Mensch ist dazu erzogen, eine spezialisierte Tätigkeit auszuüben und darüber hinaus das einzukaufen, was er zum Leben braucht. Aber wir sind nicht nur nicht dafür gemacht – die meisten von uns wollen auch gar nicht so leben.

Doch werden wir jemals dazu angehalten, unsere nützlichen, praktischen, klugen Hände zu benutzen? Wir raten cleveren jungen Menschen, ein Leben hinter einem Büroschreibtisch zu wählen, während die weniger begabten Schüler sich einen praktischen Beruf suchen sollen.

Niemand wird zum Handwerker geboren. Alle müssen lernen. Und dieses Lernen – die Entwicklung, ein Handwerk erst schlecht, dann besser und schließlich gut zu beherrschen – kann man nicht anders als besonders bezeichnen.

Das Erfolgserlebnis.

Dass die Axt das Holzscheit dort trifft, wo ich es will, nicht nur einmal, sondern jedes Mal, ist ein Erfolgserlebnis, das seinesgleichen lange sucht.

Ja, ich bin der Ansicht, dass dieses Gefühl so grundlegend ist, dass es keinesfalls nur denen vorbehalten sein darf, die davon leben.

Es ist ein Drang, den ein Leben in der Wissensgesellschaft allein nicht erfüllen kann. Dieser Drang lässt uns Bücher über Holz und Lagerfeuer und Heuschober kaufen, über die Kunst des Bierbrauens und das Stricken. Es ist ein Schaffensdrang, die Sehnsucht nach einer Aufgabe, die zu einem Ergebnis führt, für das es keine Anerkennung von außerhalb braucht.

In mancher Hinsicht ist dieses Buch ein Paradox. Weil ich, die Autorin, die hier eine Lanze dafür bricht, dass wir alle unsere Hände für praktische Dinge gebrauchen und die Handarbeit und das Handwerk besser wertschätzen sollen, mein Geld damit verdiene, dass ich vor dem Computer sitze und denke und schreibe. Als ich dreißig war, bekam ich meine erste Kolumne «Aus dem Kochtopf» in der Zeitung – ich schreibe sie bis heute –, und damit ging es los.

Ich hatte einiges zu sagen und eine gute Art, das rüberzubringen – es war also relativ einfach, Leute zu finden, die mich dafür bezahlten, dass ich meine Gedanken, meine Erfahrung und mein Wissen über Essen, Nahrungsmittel-produktion und Grundnahrungsmittel, das ich mit der Zeit erwarb, mitteilte. Plötzlich war ich eine, die was mit Medien machte. Genau das, was vor zehn Jahren alle wollten. Das bin ich. Ich werde dafür bezahlt, dass ich über dies und das etwas schreibe und denke.

Natürlich schreibe ich gerne. Ich liebe das Gefühl, etwas vollständig beschreiben zu können, komplexe und wichtige Zusammenhänge; die Fähigkeit zu haben, anderen Menschen Gefühle zu vermitteln, sodass sie meine Erlebnisse, Gedanken und Meinungen nachvollziehen oder vielleicht sogar ein Teil davon werden können. Ich mag das Gefühl, wenn die Finger über die Tastatur fliegen, schneller manchmal, als die Gedanken kommen. Ich liebe die Worte und dass ich am öffentlichen Diskurs teilhaben darf. Aber meine Arbeit ist für mich nicht das Wichtigste. Sie lässt nämlich nicht zu, dass mein gesamtes Ich zum Zug kommt.

Um ein Außenklo zu bauen hingegen – ein Außenklo, wie es sonst kein zweites gibt auf der Welt –, war ich von Kopf bis Fuß im Einsatz. Wenn in dem Bau eines so kleinen, einfachen Häuschens so viele Erfolgserlebnisse, so viel Erfahrung, Identität, Wurzeln und nicht zuletzt Freude, Spielerei und Spaß stecken, wie viel Schaffensfreude wartet dann in der Welt nur darauf, dass jemand sie endlich abruft?

Wir können die Zeit nicht zurückdrehen, wir können, sollten und wollen nicht alle Selbstversorger sein. Aber wir können, werden, sollten auch nicht den Kontakt zu unseren Arbeitshänden verlieren.

❋ ❋ ❋

KAPITEL 1

In dem ich lerne, die Motorsäge zu lieben

Der Baum will nicht fallen. Ich bin allein bei der Hütte, und der große Baum direkt an der Hüttenwand will nicht. Ich ziehe mit aller Kraft und schlage alle Keile ein, die ich habe, aber der Baum rührt sich nicht. Und das Schlimmste von allem: Ich war so sehr damit beschäftigt, den Baum zu sichern, dass ich den Stamm ganz durchgesägt habe, sogar durch die Bruchkante. Die Kante, die ich zwischen die Fallkerbe und die Kopfkerbe gesetzt habe und entlang derer der Baum kontrolliert in die Richtung fallen soll, die ich vorgesehen habe, hat einen großen Teil eingebüßt. Mittendrin zum Glück, aber trotzdem: Der Baum steht, und ich habe keine Ahnung, wie groß die Fläche ist, auf der er steht. Verdammt.

Ich wusste, dass dieser Baum Schwierigkeiten machen würde, dass er nicht von ganz allein fallen würde. Dafür hatte er zu viele Äste auf der falschen Seite. Die Sitka-Fichte, die mein Großvater in der Nachkriegszeit so gewissenhaft gepflanzt hat, steht jetzt so dicht am Haus, dass weder Sonnenlicht durchkommt noch Platz für Äste ist. Die Äste können nicht anders, als aus dem Wald heraus hin zu den

Wänden meiner Hütte zu wachsen. In diese Richtung kann ich den Baum nicht fällen.

Darum habe ich es immer wieder verschoben. Habe unter dem Baum gestanden, den Stamm umarmt und dabei nach oben geschaut, um den Schwerpunkt des Baums herauszufinden. Es könnte schlimmer sein, sagte ich mir, aber es könnte wahrlich auch besser sein. Außerdem muss ich wohl zugeben, dass dies der dickste Stamm ist, den ich hier oben bisher vor der Säge hatte: ungefähr einen halben Meter im Durchmesser, gerade so dick, dass ich mich nicht damit herausreden konnte, das Schwert meiner Motorsäge sei zu kurz. Den Baum zu fällen, sollte kein Problem sein. Ich durfte einfach nur keinen Fehler machen.

Die meisten würden meine Hütte als eine «richtige» Hütte bezeichnen. Sie ist rund 25 Quadratmeter groß, es gibt weder Strom noch fließend Wasser, und man kann nicht mit dem Auto hinfahren. Als mein Großvater, Steinar Helle, sich für diesen Ort entschied – den Berg hinter Holmedal, meinem Heimatort am Dalsfjord –, baute er eine richtige Berghütte. Mit Panoramaaussicht und allem, was dazugehörte.

So sieht es heute nicht mehr aus. Jetzt ist es eher ein verhutzeltes Häuschen. Aber die Hütte ist so schön. Die zwei Kilometer und 300 Höhenmeter, die man von der Straße aus überwinden muss, um herzugelangen, reichen aus, um die Herzfrequenz ein bisschen hoch- und den mentalen Puls runterzufahren. Und trotzdem schafft man es, alles, was man braucht, hier hinaufzutragen.

Die Hütte liegt an einem Fluss, der immer genug Wasser zum Baden führt, manchmal so viel, dass man nicht auf die andere Seite kommt. Es ist das frischeste Wasser, das ich mir vorstellen kann. Drinnen gibt es einen Feuerherd zum Kochen und Heizen, einen Kamin, handgemachte Hüttenmöbel, die engste Küche der Welt und viel zu viele alte Paraffinlampen, die ich weder wegschmeißen noch gebrauchen kann.

Ich erbte die Hütte, als mein Vater starb, aber es vergingen viele Jahre, ehe ich begriff, welchen Schatz er mir hinterlassen hatte. Doch in den vergangenen sechs, sieben Jahren habe ich mich an keinem anderen Ort so zu Hause gefühlt wie hier. Vielleicht weil ich mir etwas vorgenommen habe: Großvater hat zwar den Baum gepflanzt, aber er wäre ebenfalls der Meinung, dass er seinen Zweck erfüllt hat. Er kann weg. Es ist an der Zeit, die Aussicht und das Sonnenlicht zurückzuholen.

Außerdem ist meine Hütte ein Teil meines kleinen Familienkapitels unserer Industriegeschichte. Mein Großvater hat die Hütte nicht selbst gebaut. Sie war ein Schulprojekt der Tischlerschule, die es früher einmal in Holmedal gab. Die fertige Hütte sollte im Dorf verlost werden, und eigentlich war Großvater gar nicht der Gewinner, sondern jemand anderer. Da spielte Steinar Helle seine Trumpfkarte aus: sein Status. Großvater war Fabrikdirektor, und wenn der Fabrikdirektor die Hütte haben wollte, dann bekam er sie auch.

Dass aus Großvater ein Fabrikdirektor werden würde, war alles andere als abzusehen gewesen. Eigentlich war er nach Amerika ausgewandert. Das Coolste, was ich meinen Freunden als Kind zeigen konnte, war die inzwischen verplombte Pistole, die mein Opa trug, als er zu Al Capones Zeiten als Hafenarbeiter in Chicago arbeitete.

Großvater war in den USA, während meine Großmutter zu Hause geblieben war. Sie war Lehrerin in Holmedal. Doch sie sollte nachkommen. Der Sage nach war das Ticket bestellt und der Koffer bereits gepackt, als der Brief eintraf: Amerika war in der Krise, der berühmte Crash. Steinar hatte seine Arbeit verloren, sie sollte bleiben, wo sie war, er würde nach Hause kommen. Dieser Brief wurde der wichtigste Brief meines Lebens. Wäre er nur ein paar Tage später angekommen, wäre Großmutter wahrscheinlich schon unterwegs gewesen und drüben geblieben, der Krise zum Trotz, und ich wäre nie geboren worden. Aber das ist eine andere Geschichte.

Steinar kam also nach Hause. Mit leeren Taschen und ohne Aussicht auf Arbeit. Das Gleiche galt auch für seinen Bruder Sigmund, der den Hof der Familie betrieb. «Myra» hieß der Hof, und er konnte die Familie nicht ausreichend versorgen. Doch auf dem Hof gab es eine Schmiede, und ihr Vater, der Dorfschmied gewesen war, hatte die Brüder das Handwerk gelehrt.

Also begannen sie zu schmieden. Messer. Sie stellten Schäfte und Schneiden her und verkauften sie. Erst vor Ort, dann eröffneten sich größere Märkte. Großvater packte sich die Taschen seines Fahrrads voll mit Messern, schwang sich in den Sattel und strampelte davon, über die Berge bis in die Hauptstadt. Dort verkaufte er die Messer für 40 Øre das Stück. Und der Verkauf lief gut. Großvaters Geldbeutel war satt gefüllt, als er heimwärts radelte, so satt, dass er sich unterwegs eine Übernachtung im Wirtshaus gönnte, oben im Hochgebirge. Den Geldbeutel verstaute er unter dem Kopfkissen, dort sollte er sicher sein.

Am nächsten Morgen stand er auf, stieg auf sein Rad

und rollte bergab. Unten angekommen, wollte er sich eine Tasse Kaffee kaufen und griff nach seiner Börse – aber sie war nicht da. Sie lag noch immer dort, wo er sie so sicher versteckt hatte: unter dem Kopfkissen oben auf dem Berg. Ihm blieb nichts anderes übrig, als wieder hochzustrampeln und sie zu holen.

Endlich zu Hause, hatte er zudem noch eine Bestellung über 200 Messer im Gepäck. Der Jubel soll groß gewesen sein. Und es ist bis heute eine gute Geschichte.

Meine Großeltern waren beide schon lang verstorben, als ich geboren wurde, aber durch Geschichten wie diese waren – sind – sie mir trotzdem nah. Ich bin mit der Messerfabrik groß geworden, die längst aus der kleinen Hofschmiede in das Gebäude der ehemaligen Butterfabrik in Holmedal umgezogen war. Die Fabrik, die damals wie heute die berühmten Helle-Messer herstellt, beschäftigte meist um die hundert Menschen.

Nach der Schule ging ich gerne dorthin, erst zu meinem Vater, Svein, ins Büro – er hat die Firma von seinem Vater übernommen und wurde ebenfalls Fabrikdirektor. Manchmal fiel bei ihm ein Stückchen Schokolade aus einer Zigarrenkiste für mich ab. Doch am spannendsten war es, durch die schweren Türen runter in die Fabrik zu gehen.

Ich erinnere mich, dass es dort rot glühend und heiß, aber trotzdem sauber war. Es knisterte und staubte und roch, hauptsächlich nach Stahl – das ist für mich noch immer der Geruch meiner Kindheit –, aber, wo sie die Schäfte herstellten, auch nach Holz, und dort, wo sie die Scheiden fertigten, roch es nach Leder. Leinöl. Tabak. Pulverkaffee. In meinem Kopf trugen die Männer, die dort arbeiteten, karierte Hemden und Lederschürzen, und auch die Innenseiten ihrer Hände waren wie Leder, Hände, die, ohne Schaden zu nehmen, die immer schärfer werdenden Messer so gut wie überall anfassen konnten.

Am eindrücklichsten aber waren die Geräusche. «Kadunk, kadunk.»

Der Fallhammer stand allein in einer Ecke, doch für mich war er das Zentrum der Fabrik. «Kadunk, kadunk-dunk», machte er wieder und wieder, «kadunk, kadunk-dunk», schlug er auf den Stahl, und aus dem Stahl kam die Messerschneide, viereckig und unbrauchbar noch, aber der Anfang war gemacht.

Ich wurde 1982 geboren. Allein seit ich lebe, hat sich in Norwegen sehr viel verändert. Fabrikgeräusche sind verschwunden, dreißig Prozent der Stellen in der Festlandsindustrie (das Öl also nicht eingerechnet) sind weggefallen. Im Vergleich zu meinem Geburtsjahr haben sich die Industriestellen in Norwegen halbiert. Auch andere praktische Arbeiten teilen dieses Schicksal: Von den Bauern sind nur noch ein Drittel übrig geblieben, von Bergarbeitern noch ungefähr die Hälfte.

Die Norweger arbeiten schlicht und ergreifend nicht mehr in der Landwirtschaft und Fischerei. Wir arbeiten auch nicht in den Molkereien, der Fischverarbeitung, der Schlachterei oder den Konservenfabriken. Immer weniger Hände packen in den Fabriken mit an.

Wir arbeiten im nächsten Glied. Im Tertiärsektor – Verkauf und Service, Kommunikation und Informatik, Beratung und Dienstleistung – gibt es immer mehr Stellen. Die wahren Gewinner sind aber trotzdem woanders zu finden:

Seit ich geboren wurde, sind die Stellen im Bereich der Informatik und Kommunikation nahezu auf das Doppelte angestiegen, die Jobs im Bereich der öffentlichen Verwaltung haben sich mehr als verdoppelt. Arbeitende Norweger kontrollieren, korrigieren, planen und beschreiben – die Durchführung aber überlassen wir größtenteils anderen.

Dennoch gelten diese Veränderungen nicht für alle. Nach wie vor sind 4500 Norweger in der Textil-, Bekleidungs- und Lederwarenindustrie beschäftigt, und die Zahl der Beschäftigten im Hoch- und Tiefbau hat sich seit 1982 fast verdoppelt. An jedem Tag, jedem Morgen, ja noch bevor man überhaupt aus dem Bett gestiegen ist, profitiert man schon davon, dass es noch Menschen gibt, die mit den Händen arbeiten. Wir sind vollkommen abhängig davon, dass jemand die praktischen Arbeiten für uns verrichtet, Gegenstände baut oder herstellt, die aufrecht stehen und lange halten sollen oder benutzt werden können, bis sie auseinanderfallen oder aufgegessen oder für etwas völlig anderes verwendet werden.

Wir können in unserer Gesellschaft so postindustriell sein, wie wir wollen, aber alles Gegenständliche, das uns umgibt – und das wir nicht selbst hergestellt haben –, hängt unlösbar damit zusammen, dass jemand anderes es gemacht hat, und auch wenn dieser jemand zunehmend mehr Unterstützung von einer oder mehreren Maschinen bekommt, ist eines doch nicht zu leugnen: Der einzige Faktor, den wir aus der Produktionsgleichung nicht herauskürzen können, ist immer noch der Mensch.

Warme Gefühle für kalten Stahl

Viel zu viel Zeit ist seit meinem letzten Besuch vergangen, aber nun bin ich hier: zu Hause in Holmedal, zurück in der Messerfabrik unten am Kai. Die Zeit erfasst mich, kaum dass ich die Tür geöffnet habe. Wie diese Tür sich anfühlt – schwer und dennoch leicht beweglich – und den Geruch, die Steinwände, die Treppe hätte ich blind wiedererkannt.

Mit dieser Fabrik verbinde ich viele Gefühle. Wenn ich mich damit auseinandersetze, dann zu einhundert Prozent subjektiv, ich kann gar nicht anders. Das ist nicht gerade das höchste Ziel einer Journalistin oder Autorin, aber im Moment erfüllt es mich mit Stolz. Denn ich bin bei Weitem nicht die Einzige mit einem weichen Herz für so etwas so Kaltes und Hartes wie Stahl.

Dasselbe gilt für meinen Verwandten Jan Steffen Helle.

«Ich war schon immer eins mit der Industrie. Und es galt immer nur der Stahl.»

Er gehört einer neuen Generation an, ist aber zur alten Arbeitsweise zurückgekehrt. Mein Vater war Fabrikdirektor, aber kein Schmied. Er war Kaufmann. Er brannte für das Handwerk, für die Kunstfertigkeit und das Produkt, aber herstellen konnte er es nicht. Dasselbe gilt für meinen Bruder Svein-Erik, der kürzlich den Direktorenposten übernommen hat.

Aber Jan Steffen Helle, der kann das. Er ist in der Fabrik jetzt der Produktionschef. Seine Reise zurück nach Holmedal und in die Messerfabrik begann in der Schulzeit, als ihm ein Tag der offenen Tür in der Berufsschule im Nachbarort einen Weg aufzeigte. Der Weg hieß: Blech und Schweißbrenner. Und es war der richtige.

«Weil ich überdurchschnittlich gute Noten hatte, gab es zu Hause natürlich ein Donnerwetter. Aber ich wusste sofort, dass ich etwas gefunden hatte, wo ich voll drin aufgehen konnte», erzählt Jan Steffen.

Er machte seinen Meister, besuchte die Schweißtechnische Fachschule, zog nach Bergen und fand einen Job in der Ölindustrie. Dann kehrte er nach Hause zurück und begann in der Produktion der Messerfabrik, erst nur mit einer Teilzeitstelle. Inzwischen hat er die meisten Stationen durchlaufen und ist mehr als hundertprozentig bereit, Verantwortung zu übernehmen.

Helle-Messer sind Gebrauchsmesser mit Schneiden aus dreilagig laminiertem Stahl, einem Schaft aus Holz oder einer Kombination aus Holz, Leder und Bein und einer Lederscheide. Seit jeher wurden zwischen dreißig und vierzig unterschiedliche Modelle für verschiedene Zwecke produziert: Klappmesser, Pfadfindermesser für Kinder, Fischermesser, Schnitzmesser und Jagdmesser. Um nur ein paar zu nennen.

Um die Sportmesser zu produzieren, müssen die neunzehn Angestellten drei Handwerke abdecken: Da ist zum einen der Stahl – die Klinge muss ausgestanzt, gehärtet, geschliffen und poliert werden. Dann ist da das Holz für den Schaft – es wird in der Fabrik getrocknet, gefräst, geölt und geglättet. Und für die Scheide wird Leder benötigt – das vollständig in der Fabrik verarbeitet wird: Das Leder wird im Haus genäht, gepresst und getrocknet.

Doch, ein bisschen Stolz muss erlaubt sein. Stolz, einer Industrie anzugehören, die mit einem Bein im Handwerk steht: Auch wenn die Klingen nicht mehr von Hand geschmiedet werden (das ist lange vorbei), wird der letzte Schliff und die Form sowohl der Klingen als auch des Schafts von Hand vorgenommen. Stolz, sechsundachtzig Jahre überlebt zu haben und einzige Fabrik im Ort (früher waren es einmal viel mehr) und einziger Komplettproduzent für Messer in Norwegen zu sein. Stolz, eine Fabrik zu betreiben, die sich anfühlt wie ein Museum – denn der Maschinenpark ist größtenteils entweder fünfzig Jahre alt und/oder selbst gebaut. Wer hier angestellt ist, hat am besten Daniel-Düsentrieb-Qualitäten, denn das Werk ist keinesfalls ein Museum, sondern eine produktive und einträgliche Fabrik.

Während die Zahl der Angestellten sich von über hundert auf neunzehn reduziert hat, ist die Produktion einigermaßen stabil geblieben. Natürlich gibt es heute mehr Maschinen – der erste Roboter kam schon im Jahr 1989, und es sind noch mehr geworden –, aber trotzdem ist es immer noch unmöglich, den Menschen aus der Gleichung herauszukürzen.

Nicht nur für mich ist das Geräusch des Fallhammers etwas Besonderes. Das ist nicht nur die pure Nostalgie, Jan Steffen empfindet das genauso, und für ihn ist es sein täglich Brot, seine Zukunft, sein Einkommen, seine Verantwortung.

«Ich habe nicht aus Pflichtgefühl hier angefangen», sagt Jan Steffen über das Arbeiten im Familienunternehmen. «Aber meine Geschichte ist auch ein Grund. Ich habe hier angefangen, weil ich irgendwie das Gefühl hatte, nach Hause zu kommen. Man wird davon zwar nicht reich, aber es ist ja die eigene Familie, der Großvater und all das. Da ist schon etwas. Ich kann es nicht erklären. Es ist wohl eigentlich nur so eine Art Trieb oder so.»

Nur. Oder alles? Wenn man auf die Statistiken schaut, kann man erkennen, dass man mehr leistet, je enger man mit seiner Arbeit verbunden ist. Ich brauche allerdings keine solche Statistik. Ich kann hier stehen, ob es nun in der Schaftabteilung ist, wo die Schäfte erst in einem alten Zementmischer, dann in einem Eichenfass in Leinöl geschleudert werden, oder oben im Büro, wo überall Messer herumliegen und wo es immer noch ausschließlich Pulverkaffee gibt, genau wie früher, als mein Vater dort arbeitete, und ich kann im Brustton der Überzeugung sagen: Wenn das alles nicht ins Norwegen im Jahr 2020 passt, dann ist etwas mit Norwegen verkehrt und nicht mit der Fabrik. Und das kann ich sagen, obwohl ich den Schatten meines Vaters an jeder Ecke sehe, denn ich bin nicht allein – Menschen, Jugendliche, kommen von weither angereist, um ein Helle-Messer dort zu kaufen, wo es hergestellt wurde, der Instagram-Account der kleinen wurschteligen Fabrik hat über 26 000 junge, hippe Follower. Die Industrieromantik ist nicht gefährlich, sie gibt uns Wurzeln, der Stahl gibt uns Wurzeln, denn er lebt und hat seinen Platz und nimmt sich Raum, und jetzt gehe ich wieder zurück zu meiner Hütte im Wald in den Bergen, mit dem Messer im Gürtel, denn da gehört es hin, und natürlich passe ich besonders gut darauf auf, weil es mir etwas bedeutet.

Jedes Mal, wenn ich es benutze, denke ich daran. So viel Glück kann man haben.

Kleine Frau gegen großen Baum

Auf der Landwirtschaftsschule in Aurland habe ich gelernt, wie man eine Motorsäge bedient, zu diesem Zeitpunkt war ich neunundzwanzig Jahre alt. Vom Herbst 2011 bis zum Frühjahr 2013 habe ich diese Schule besucht, und eines kann ich mit Sicherheit sagen: In diesen zwei Jahren habe ich mehr gelernt als in den inzwischen fünfunddreißig restlichen Jahren. Zuerst wurde mir allerdings das Gegenteil bewusst: wie wenig ich wusste.

Dass ich mich im Stall am wohlsten fühlte, war schnell klar. Ich verliebte mich in die neugierigen Ziegennasen, die an meinem Gesicht schnupperten und versuchten, mir das Kopftuch herunterzuzupfen. In die langen Kuhzungen, die mir den Rücken hinaufleckten, wenn ich an ihren Raufen mit dem Kraftfuttereimer vorbeiging. Selbst an den kältesten, dunkelsten Wintermorgen bekommt man schnell warme Hände, wenn man ein weiches milchpralles Euter umfasst. Und der Tag wird sofort heller, wenn ein vorwitziges und verspieltes Ziegenlamm seitwärts durch die Stallgasse tobt, alle vier Beine gleichzeitig in der Luft.

Ich kam mit den Routinen und Wiederholungen gut zurecht. Anfangs war ich noch ein bisschen unbeholfen, schwach und vorsichtig, aber wenn man eine Sache nur oft genug macht, geht es irgendwann besser. Mir wurde langsam klar, dass man das meiste lernen muss – und kann. Angefangen bei der Menge Heu, die für einen Schwung auf eine Gabel passt bis hin zur Anwendung der Melkmaschine ohne tollpatschiges Rumgefummel, durch das Luft und vielleicht schädliche Bakterien ins Melksystem geraten. Als ich anfing, schien das alles schier unmöglich, aber mit jedem

Tag wurde es ein bisschen leichter, und das Erfolgserlebnis machte mich innerlich und äußerlich stark.

Das Erfolgserlebnis, nach dem ich mich immer gesehnt hatte, ohne dass es mir bewusst gewesen war. In mir hatte immer eine Unruhe geherrscht.

Ich erinnere mich, dass ich als Kind in den Pausen zwischen den Schulgebäuden herumgerannt bin, um das Prickeln loszuwerden, das sich im Laufe einer Stunde des Stillsitzens in meinem Körper angestaut hatte. Ich zwang mich zur Ruhe, denn ich wollte so gut sein, wie es von mir erwartet wurde: Noch bevor ich fünf Jahre alt war, ertappte mich meine Mutter dabei, dass ich sie beim Vorlesen korrigierte. Ich konnte nämlich längst selber lesen. Soweit ich mich erinnere, war das Erste, das ich las, eine Geschichte in einem Comicheft: *Tino Tatz – Der stärkste und liebste Bär der Welt*, mit Krösus Wühlmaus, dem Seeräuber. Das Heft lag auf dem Wohnzimmertisch, gerade in meiner Reichweite.

Ich wusste, dass ich fix im Kopf war. Und der sollte nicht ungenutzt bleiben: Ich war schon überdurchschnittlich lernwillig, als ich in die Schule kam, und im Norwegisch-Lehrbuch immer ein paar Lektionen weiter, als es dem Lehrer lieb war. Mich Erstklässlerin fachlich zufriedenzustellen, war bestimmt eine Herausforderung: Ich langweilte mich schnell.

Diese Langweile ließ ich auch umgehend an den Lehrern aus. Ich fand rasch heraus, wen ich piesacken konnte: Den Lehrer, der nicht böse werden konnte, pikste ich mit dem Zirkel in den Hintern. Auch meine Mitschüler bekamen manchmal was ab. In der Grundschule rangelte ich ab und zu mehr als spielerisch mit den drei Jungen in meiner Klasse und mit dem einen in der Klasse darüber.

Den Rest rannte, spielte und kletterte ich mir von der Seele. Solange es erlaubt war, auf kindische Art herumzuklettern, und auch noch ein bisschen länger, liebte ich es zu klettern, wo immer es möglich war. Auf Bäume, Berge und Abhänge. Direkt am Haus, in dem ich aufwuchs, standen zwei große Blutbuchen, in denen ich mit Fahrradhelm auf dem Kopf herumkletterte, wenn Mama zuschaute. Überall sonst kletterte ich mindestens genauso hoch hinaus, nur ohne Helm. Unterhalb des Hauses auf der Wiese wuchs die verästelte Sal-Weide – das war alles, was ich zum Turnen brauchte. Die Fichte am hinteren Ende des Weidelands war klebrig und dicht, aber man kam leicht hoch hinaus. Die Berghänge unten am Fjord waren steil und spannend.

Das war auch eine Seite von mir als Kind. Auch wenn ich mit diesen Fähigkeiten nicht mal ansatzweise so viel Lob einheimste wie mit meinen Aufsätzen oder all den englischen Verben, die ich mit der Zeit aufsagen konnte, machten sie doch einen wichtigen Teil meines Selbstbewusstseins aus – und waren eine Voraussetzung für meinen guten Schulnoten.

Ab der achten Klasse wurde mein Radius etwas größer: Mein Kletterpark erstreckte sich jetzt den Fluss hinauf bis zur Hütte. Die Vertiefungen im Flussbett dienten als Badestellen – wenn wir uns nicht abends heimlich ins Schwimmbad der Schule schlichen oder den Schlüssel zum Heimatkundesaal, für den wir verantwortlich waren, missbrauchten, um Eis oder Teilchen zu stibitzen, die wir dann kichernd und viel zu schnell auf dem Mädchenklo verdrückten.

Viel Platz für Kreativität bot der Holmedaler Jugendverband. Wir schrieben, nähten, schminkten, probten und führten Revuen und andere kleine Theaterstücke auf, ohne auch nur zu ahnen, wie viel Glück wir hatten. Manchmal frage ich mich, wie es wohl wäre, wenn ich heute aufwüchse – oder in einer Stadt, ohne all diese freie, wilde verfügbare Natur, in der ich mich austoben konnte, sondern in einer Welt, in der die Digitalisierung allgegenwärtig ist.

1998 schloss ich die Mittlere Reife mit siebenmal «Sehr gut» ab. Trotzdem sage ich immer wieder, dass ich in diesen letzten drei Schuljahren vor allem zwei Dinge lernte: die Handschrift meiner Mutter zu fälschen und wie man gute Noten sammelt.

Ich war gewieft genug, um genau zu wissen, für welche Arbeiten ich lernen musste, welchen Aufgaben ich besondere Aufmerksamkeit widmen und für welche Stunde ich mich besonders vorbereiten musste. Ich konnte die Lehrer genauso gut lesen wie Bücher, und ich schaffte es, meine Unruhe so weit zu bezwingen, dass sie sich in einer Art konstruktiven Rebellion äußern konnte.

Aber in erster Linie hatte ich einfach Glück. Ich hatte einen schnellen Kopf und einen ausgeprägten Willen, was mir dabei half, still zu sitzen und zu lernen.

Darum fiel ich in den Unterrichtsstunden nicht so auf wie andere unruhige Kinder. Ich verschaffte mir im Klassenraum absolut Gehör, aber auf eine konstruktive Art. Und wenn ich mich weigerte, im Haushaltsunterricht die Putzlappen zu bügeln, weil ich der Ansicht war, dass sie ungebügelt ebenso gut funktionierten, waren meine Schularbeiten trotzdem so gut – und machten so einen wichtigen Bestandteil der Note aus –, dass ich gut davonkam.

Wer es nicht schafft, seine Unruhe konstruktiv umzusetzen, bekommt häufig die Diagnose ADHS. Als Erwachsene bin ich auch in dieser Richtung untersucht worden, allerdings ohne wirklich zu einem Ergebnis zu kommen: Ich erfülle eine Menge der Kriterien wie Unruhe, Rastlosigkeit, viel Energie, aber ich kann mich gut konzentrieren, kann gut still sitzen und mir Dinge merken – zu gut, als dass man es wagen würde, mir diese Diagnose schwarz auf weiß zu stellen.

Die Diagnose, die meinem Gefühl am nächsten kommt, lautet «vorwiegend unaufmerksamer ADHS-Typ». Diese Diagnose wird häufig Mädchen gestellt. Denn auch wenn mehr Jungen diese Krankheit bescheinigt bekommen, betrifft sie doch auch Mädchen, nur manchmal auf eine etwas andere Art: Oft agieren sie weniger nach außen als nach innen. Dieselbe Art der Konzentrationsschwäche kann ja auch kompensiert werden, indem man sich einfach wegträumt, anstatt sie auszuleben. Dieses Verhalten stört im Klassenzimmer natürlich weniger, ist aber schwieriger zu entschlüsseln. Dass der Mädchenanteil bei Kindern mit ADHS nur bei zwei Prozent liegt, hat seinen Grund vermutlich in der daraus resultierenden Dunkelziffer.

Habe ich ADHS? Als mir jemand diese Frage zum ersten Mal stellte, war mir der Gedanke vollkommen neu. Aber inzwischen ergibt er in vielerlei Hinsicht Sinn. Sowohl im Hinblick auf meine Kindheit – als ich zum Beispiel eine Sondergenehmigung bekam, im Unterricht zu stricken, damit ich mich besser konzentrieren konnte – als auch, wenn ich mich heute betrachte, wenn mir eine Runde Joggen besser hilft, mich von einem langen Tag im Büro, der mich gestresst und erschöpft hat, zu erholen, als mich aufs Sofa zu legen, da beim Laufen das Prickeln in meinem Körper, das mich plagt, verschwindet und ich mich ruhiger fühle.

Aber ist das eine Diagnose? Oder zwingt die Gesellschaft mich und viele andere in ein Bewegungsmuster, für das wir nicht geschaffen sind?

Diese Frage möchte ich im Raum stehen lassen. Ich habe darauf keine hieb- und stichfeste Antwort. Aber Diagnose hin oder her, dass ich in der Lage bin zu lernen, heißt nicht, dass mir dieses theoretisch ausgerichtete Schulsystem Freude bereitet hat. Ich lernte, um gute Noten zu bekommen, gerade genug, dass der Stoff bis zur Klausur hängen blieb, aber keine Minute länger – danach hatte ich kein anderes Ziel, als alles wieder zu vergessen. (Deutsche Grammatik zum Beispiel: Wenn ich zählte, wie oft ich die Präpositionen aufsagen musste, bis ich sie auswendig konnte, und sie dann noch einmal halb so oft wiederholte, konnte ich ziemlich sicher sein, dass ich sie am folgenden Tag noch präsent hatte.)

Ich stellte fest, dass andere mit der Fleißarbeit, die die Schule von uns verlangte, nicht so gut zurechtkamen wie ich. Auch wenn sie mindestens ebenso motiviert waren zu lernen, erzielten sie nicht dieselben Ergebnisse. Das fühlte sich mitunter ziemlich ungerecht an.

Andauernd hört man Geschichten von Menschen, die in diesem Schulsystem nicht zurechtkommen. Heftige, traurige und wichtige Geschichten, die die Behauptung stützen, dass norwegische Schulen – und nicht nur die – zu theorielastig sind. Doch das norwegische Schulsystem benachteiligt nicht nur die sogenannten «theorieschwachen» Schüler. Ich finde, dass diese Art zu lernen auch für solche wie mich ungerecht und wenig zielführend war: Erstens erschien mir der abstrakte Stoff fremd – ich hatte große Schwierigkeiten damit, dem, was ich lernte, Bedeutung und Sinn beizumessen. Zweitens verpasste ich die Gelegenheit, praktische Fähigkeiten zu entwickeln. Es kam mir überhaupt nicht in den Sinn, dass ich, wenn ich ein bisschen Zeit und Kraft investierte, auch meinen Körper zu etwas gebrauchen konnte, nicht nur meinen Kopf.

Heute erkenne ich das als mein größtes Versäumnis.

Natürlich ist nicht alle Hoffnung verloren: Man kann auch noch als Erwachsene eine praktische Ausbildung machen, Bäume fällen, Kühe melken und fest daran glauben, dass man ein Außenklo bauen kann – all das sind Wege, dieses Versäumnis wiedergutzumachen. Ich lerne. Alle können lernen, es ist nie zu spät.

Die Fichte soll fallen

Ich bin keine Bäuerin geworden (noch nicht), aber auf der Landwirtschaftsschule lernte ich endlich, mich mit meinem ganzen Körper einzubringen, mit den Händen und allem, was dazugehört. Und ich durfte mich an Herausforderungen beweisen, von denen ich anfangs nicht glaubte, sie bewältigen zu können. Eine davon war die Motorsäge.

Es wäre übertrieben zu behaupten, dass die Arbeit mit der Motorsäge mir von Anfang an leichtfiel. Zum einen war es erst mal unmöglich, passende Schutzstiefel für meine kleinen Füße zu finden (ich habe Schuhgröße sechsunddreißig), und ich fühlte mich ziemlich lächerlich, wenn ich in diesen viel zu großen, viel zu sauberen Arbeitsklamotten unterwegs war. Helm und Schutzvisier kamen mir albern vor angesichts der kleinen Ästchen, an denen wir uns anfangs versuchten.

Wir lernten, Fallkerben anzulegen – der Kerb, der die Fallrichtung des Baums bestimmt – und Fällschnitte. Dazu sägt man ein offenes Dreieck in den Stamm, das in die Richtung zeigt, in die der Baum fallen soll. Dann legt man quer durch den Stamm in ungefähr derselben Höhe (gern ein bisschen darüber, nie darunter) den Fällschnitt an, gerade so, dass eine Bruchkante von fünf bis acht Zentimetern stehen bleibt. Ist der Schwerpunkt richtig gesetzt, wird der Baum über den Fallkerb umstürzen und die Bruchkante brechen, kurz bevor der Baum auf dem Boden auftrifft. Zur Unterstützung kann man Keile in den Fällschnitt einschlagen und den Baum in die richtige Richtung lenken.

Vielleicht versuchten wir hauptsächlich, uns mit dieser Todesmaschine in unseren Händen anzufreunden. Man muss das *Kettensägenmassaker* nicht gesehen haben, um zu begreifen, dass mit einer gezackten, messerscharfen Kette, die von einem Benzinmotor angetrieben wird, eine Menge schiefgehen kann. Und je größer die Angst vor der Säge ist, je weiter man sie vom Körper entfernt hält, desto schwächer wird man und desto gefährlicher wird die ganze Angelegenheit.

Lange Zeit habe ich mich dumm und unbeholfen gefühlt. Eigentlich so lange, bis es schiefging. Ich sollte eine ziemlich große Fichte absägen, und ich verlor die Kontrolle über die Säge, sodass ich die Bruchkante kappte. Mir war klar, dass ich mich in Sicherheit bringen musste, aber nicht, wie schnell. Zum Glück stand mein Lehrer direkt neben mir, er konnte mich gerade noch zur Seite bugsieren, ehe der Baum genau dort landete, wo ich gestanden hatte. Marco sei Dank.

Danach hatte ich eine Weile ziemliche Angst. Ich war eine von denen, die die Äste entfernte – was ich damals genauso langweilig fand, wie ich es jetzt aufregend finde, mit der Säge zu hantieren. So konnte es ja nicht weitergehen. Ich wollte wieder rauf aufs Pferd. Zu meinem dreißigsten Geburtstag schenkte mir meine Mutter eine Motorsäge, und dann hieß es nur noch: loslegen.

Inzwischen ist die Motorsäge eine Verlängerung meiner Arme. Ich weiß, welche Geräusche sie macht, wenn ich sie nicht weiter fordern darf, und wie ich Äste angehen muss, die am Boden festhängen, sodass die Säge nicht in die Spannung zwischen Stamm und Ast gerät und sich festfrisst. Meine Säge, eine Husqvarna 445, ist zu meiner Arbeitskollegin geworden, die ich eher respektiere als fürchte. Es ist an der Zeit, dass ich mich an den großen, schweren Baum mache.

Als Erstes klettere ich mit einem Seil nach oben und binde es fest, dann ziehe ich es über die Lichtung, die ich freigesägt habe, und binde es an einem anderen Baum fest. Dann kommt der Fallkerb. Zuvor habe ich abgemessen, wie weit ich ungefähr in den Stamm sägen muss – es ist knapp ein Viertel des Querschnitts. Ich achte darauf, dass der Sohlenschnitt parallel zum Boden verläuft, justiere noch ein bisschen nach – es ist ein gutes Gefühl, in der Lage zu sein, mit dieser groben Maschine gerade so viele Millimeter wegzunehmen wie nötig.

Wenn man zum Fällschnitt ansetzt, gibt es keinen Weg zurück. Der Baumstamm ist dicker, als das Schwert der

Säge lang ist, ich muss die Säge also an einer Seite gerade hineinbringen, parallel zur Bruchkante, und mich wie ein Ventilator um den Stamm herumbewegen. Dreimal unterbreche ich, um Keile einzuschlagen. So verhindere ich, dass der Stamm sich auf das Schwert legt und die Säge sich festfrisst. Ich mache die Runde. Der Baum steht fest wie ein Fels. Ich fange an, auf die Keile zu schlagen. Schlage und schlage und schlage. Nichts passiert. Die Fichte ist schnell gewachsen, viel zu schnell, sie hat leichtes Holz, die Keile gleiten ganz einfach in den Stamm. Mein Puls beschleunigt sich. Habe ich richtig gesägt? Ich musste die Säge herausziehen, um die Keile einzuschlagen, vielleicht ist irgendwo ein Holzsplint stehen geblieben, der den Baum hält? Also wieder rein mit der Säge. Ich stoße sie willkürlich hier und da hinein, um nachzufühlen – und dann habe ich plötzlich die Bruchkante durchgesägt. Zum Glück in der Mitte, sodass der Baum nicht droht, geradewegs auf mich drauf zu fallen, aber trotzdem: Das ist der eine Fehler, den ich nicht machen durfte.

Ich wage mich an die Vorderseite des Baums und ziehe am Seil. Mein ganzes Gewicht hänge ich rein. Es passiert nichts – ich habe nicht genug Kraft dafür. Und jetzt? Ich werde mich nicht ins Bett trauen, solange ein halb gefällter Baum vor meinem Fenster steht. Eine Nachricht von meiner Tante wird auf meinem Handy angezeigt. Sie wandert mit einer Freundin zu einem Gipfel hier in der Nähe und fragt, ob ich mitgehen will. Nein. Aber soll ich sie bitten, vorbeizukommen und mir zu helfen? So weit bin ich noch nicht.

Kann die Seglerin in mir der Holzfällerin helfen? Ich muss mehr Kraft auf das Seil geben. Wenn ich in der Mitte des Seils zwei Schlaufen mache und das Ende ein paarmal durchziehe, müsste ich theoretisch mit jeder Runde mehr Kraft generieren können. Ich probiere es aus, und es funktioniert. Ich gewinne einen vollen halben Meter.

Zurück und die Keile überprüfen. Sie sitzen jetzt lockerer, und ich schlage sie tiefer ein. Wieder ans Seil. So geht es ein paarmal. Ich ziehe, schlage, ziehe. Schlage. Und ziehe. Bis ich nicht mehr kann. Es ist lange her, dass meine Arme so kraftlos waren. Ich lege mich noch einmal ins Seil, merke aber, dass sich nichts bewegt. Dann höre ich es: Das Geräusch eines Baums, der beginnt zu fallen. Die Äste, die sich durch die Kronen der anderen Bäume drücken, das Rauschen, wenn der schwere Baum sich durch die Luft bewegt, und schließlich das Knacken, wenn die Bruchkante nachgibt. Immer ein gutes Geräusch. Da ich jetzt auf der anderen Seite des Baums stehe als normalerweise – nämlich dort, wo der Baum landen wird –, mischt sich der Schreck dazu, aber selbst mit den schweren Sicherheitsstiefeln ist es leicht, zur Seite zu laufen und dabei noch den Sound zu genießen.

Dieses Gefühl. Der Baum fällt genau dorthin, wo ich ihn haben wollte. Das ist das eine. Die Hütte steht noch. Dann ist da noch dieses andere Gefühl: Ich habe es geschafft. Ganz allein, mit meinen eigenen Händen und mit meinem eigenen noch recht neuen Wissen. Das ist das Wichtigste. Dass ich allein drauf gekommen bin, was zu tun ist. Großer, schwerer Baum gegen kleine, unerfahrene Frau – das ist ein Auswärtssieg. Ich bin wirklich ein echter David, wie ich hier stehe und den Baum betrachte, der besiegt auf der Erde liegt, und die Arme in den Himmel recke wie eine Weltmeisterin, die keiner sieht.

KAPITEL 2

In dem ich zu der Überzeugung komme, dass ich ein kleines, aber sehr nützliches Häuschen bauen kann

Rund um die Hütte wird es heller. Mit jedem Baum, den ich fälle, scheint ein bisschen mehr Sonnenlicht auf ihre roten Wände. Auch wenn das Projekt, ein wenig Ordnung in den Pflanzeifer der Nachkriegszeit zu bringen, natürlich mehr Zeit in Anspruch nimmt, als ich mir vorgestellt habe (was häufiger mal vorkommt), bestärkt mich das Licht dranzubleiben. Und dann kommt der Tag, an dem ich den ersten Durchbruch im Wald hinunter zum Fluss, der zwanzig Meter unterhalb der Hütte vorbeifließt, geschafft habe. Und mir eröffnet sich nicht nur die Aussicht auf die Bergheide und Flanke auf der gegenüberliegenden Seite, sondern auch ein Kontakt mit dem Fluss, den ich bisher nicht hatte. Das ist schön.

Die Bäume stehen dicht. Darum müssen viele fallen. Ich beharre eisern auf der Vorgehensweise, nach jedem Baum immer erst alle Äste und Zweige fortzuräumen, bevor ich den nächsten in Angriff nehme. Ich weiß, wie chaotisch es werden kann, wenn man alles einfach liegen lässt: Die Äste verhaken sich ineinander, und dann ist es irgendwann unmöglich, überhaupt noch etwas zu entfernen. Besser man räumt Stück für Stück auf.

Auf diese Tour schaffe ich drei, vier große Sitka-Fichten am Tag. Das hat zu einem Reisighaufen von etwa zwanzig Kubikmetern geführt und noch ein paar kleineren Haufen hier und da. Damit hatte ich ungefähr gerechnet, als ich anfing. Nicht aber damit, wie viel Platz all das anfallende Holz einnehmen würde.

Einen Teil davon verwende ich natürlich als Feuerholz. Fichtenholz eignet sich dafür zwar nicht ideal, aber es geht. Mit der Zeit habe ich gelernt, wie Fichtenholz abbrennt. Es ist schnell entflammt und produziert nur wenig Glut. Dadurch allerdings lässt es sich gut zum Kochen verwenden: Die Temperatur meines Feuerherds von Ulefoss zu regulieren, ist eigentlich nicht viel schwieriger, als den Induktionsherd zu bedienen, den ich zu Hause habe (es dauert nur deutlich länger, Wasser heiß zu machen).

Aber der Holzstapel vor meinem Haus wächst schneller, als ich ihn verfeuern kann. Viel schneller. Was soll ich mit all diesen Stämmen anfangen? Die zwei Kilometer runter zur Straße sind viel zu weit, steil und unwegsam, als dass es sich irgendwie lohnen könnte, das Holz dorthin zu verfrachten. Natürlich könnte ich es auch tiefer in den Wald hineinziehen und dort einfach vergessen – in ein paar Jahrzehnten wäre es bestimmt verrottet.

Aber die Stämme sind die reine Energie. Kraft und Stärke. Irgendwie müssen sie doch als Ressource zu gebrauchen sein. Wäre ich nur ein bisschen begabter im Schreinern, könnte ich vielleicht etwas daraus bauen.

Man kann von Messern und Ästen leben

Vor ein paar Jahren setzte ich mir in den Kopf, die Folke-høyskole zu besuchen. Aus einer Reihe möglicher Fächer entschied ich mich vollkommen freiwillig für das Wahlfach «Holzarbeiten». Und ich hasste es.

Wir schnitzten, hackten und hobelten Messer, Löffel, Schalen und Tassen. Schleifpapier war so gut wie verboten: Das Ziel war zu lernen, Messer und Axt so akkurat einzusetzen, dass es überflüssig war. Dafür gibt es ja auch gute Gründe, denn während das Schmirgelpapier die äußeren Poren des Holzes öffnet und es so anfällig für Wasser, Pilze und andere schädliche Eindringlinge macht, erreicht man mit dem Messer, der Axt und dem Hobel das Gegenteil – die Oberfläche wird geschlossen und ist so geschützt.

Wenn man die Technik beherrscht, wohlgemerkt. Für mich schien es eine unlösbare Aufgabe zu sein, das Messer in langen, kontrollierten Zügen über das Holzstück zu bewegen, an dem ich arbeitete, und so zu verhindern, dass Ecken und Splitter entstanden. Es war eine Fummelarbeit sondergleichen, die sich schlecht mit meiner Ungeduld vertrug, erst recht in Gesellschaft einer Horde Neunzehnjähriger, die allem Anschein nach die Technik draufhatten, ohne sie überhaupt üben zu müssen.

Ich wurde den Anspruch nicht los, dass nur «perfekt» gut genug war. Es war mir unmöglich, etwas Neues zu beginnen, ehe ich das beherrschte – und natürlich war es unmöglich, etwas zu beherrschen, ohne irgendwo den Anfang zu machen.

Und was heißt überhaupt perfekt? Ist das überhaupt ein erstrebenswertes Ziel? Was kann Klein-Ich denn erreichen?

Wird es mir gelingen, die Errungenschaften von anderen nicht als Hindernis zu betrachten und stattdessen lieber etwas – oder jemanden – zu finden, von dem ich lernen kann? Ich, die ich ja eigentlich will und dennoch unsicher bin – ich muss über die Schwierigkeiten des Anfangens sprechen und über das Unmögliche, das man vielleicht doch hinbekommen kann. Ich brauche Inspiration.

Die Suche führt mich nach Bø in der Telemark. Eines regennassen Tages finde ich sie in einer kleinen Holzwerkstatt an einem Fluss am Dorfrand. In der Werkstatt namens *Krokvokst* sitzt Mari Fallet Mosland und schnitzt eine *Krympeboks,* das ist eine Dose, die durch Aushöhlen eines Holzstücks oder eines Asts entsteht. Man setzt dann einen bereits getrockneten Boden ein und lässt das frische ausgehöhlte Stück Holz drumherum trocknen, sodass es dicht abschließt. Mari hat diese Dosen auf Bestellung angefertigt. Sie sind Werbeprämien in einem Handarbeitsverein. Die Dosen sind auf demselben Leisten hergestellt, aber gleich sind sie trotzdem nicht. Sie haben auch keine glatte Oberfläche. Es ist unübersehbar, wo das Messer angesetzt wurde.

Mari ist eine der wenigen, die in Norwegen vom Schnitzen leben. In der Werkstatt ihres Einfraubetriebs stehen Rindendosen, Kerzenständer, Brotteller, Taschen und Brettchen aus Weidenholz, Hasel und Binse, Dosen, Kellen und Salatbesteck, Hocker und Stühle. Es gibt Äxte und Messer und eine Schnitzbank, handgefertigte Stühle und ein Radio, das Hörbücher abspielt. Mari arbeitet in erster Linie mit Axt und Messer und frischem Holz, das sie in den Wäldern rund um Bø findet.

Ihr Handwerk hat eigentlich keinen Namen, es gibt auch keine Ausbildung und keinen Meisterbrief. Denn zu der Zeit, als alles, was man für Haus und Hof brauchte, geschnitzt wurde, konnte es jeder. Dorfhandwerk vielleicht.

Heute schnitzt so gut wie niemand mehr seine eigenen Löffel. Mari ist eine der wenigen, die das Handwerk beherrscht. Und die Messerspuren auf den Dosen, Löffeln, Kellen und Messern, die sie herstellt, entstammen unter anderem ziemlich eindeutigen Gedanken darüber, was perfekt ist und was es nicht ist:

«Wenn meine Dosen Messerspuren aufweisen, passiert das mit Absicht. Ich finde, es ist besser, man sieht das Unperfekte, es stimmt die Leute froher.»

Für sie ist das mit dem Lineal gezeichnete Viereck völlig tot. Es kommt in der Natur nicht vor, denn in der Natur ist alles immer ein bisschen schief, und wir Menschen sind ja auch Natur.

Das ergibt Sinn. Ebenso wie die Tatsache, dass Mari kein Schleifpapier verwendet: Mari will ehrliches Handwerk ausüben, und das bedeutet für sie, dass man sieht, dass etwas von Menschenhand gemacht ist.

«Ich versuche nicht, das wegzuglätten.»

Bei einer Dose stößt Mari im Holz auf einen Asteinschluss. Sie dreht und wendet die Dose, versucht, mit dem Messer weiterzukommen, dreht sie erneut. Muss von der richtigen Seite ran, die Seite, von der aus das Material geschnitzt werden will, muss der Richtung der Fasern folgen, um glatte Schnitte zu machen. Nur so wird es gut.

Denn gut soll es selbstverständlich werden. Qualität muss sein. Nur nicht Perfektion. So arbeitet Mari heute Tag für Tag. Aber auch Mari hat einmal angefangen. Sie studierte auf Lehramt und wohnte in einem großen leeren Haus in Bergen. Geld hatte sie keines. Darum begann sie, die Dinge, die sie brauchte, selbst herzustellen.

«Darin lag eine unglaubliche Befreiung», sagt sie.

Mehrere Jahre arbeitete Mari in ihrer Freizeit mit Holz. Birkenrinde zu flechten, lernte sie teils von ihrer Mutter, Dosen herzustellen, lernte sie im Lehrerseminar, aber die Kunst des Schnitzens, Biegens und andere Arten, frisches, knorriges Holz zu nützlichen Gegenständen zu formen, hat sie sich Stück für Stück immer weiter selbst erarbeitet.

Dann bekam sie Kinder, und die Freizeit war dahin. Wenn sie etwas herstellen wollte, musste das in der Arbeitszeit passieren. Und so wurde das Handwerk mit der Zeit zum Vollzeitberuf.

Reich wird sie damit nicht. Als Einzige in Norwegen schafft sie es, mit dem Schnitzen über die Runden zu kommen. Aber wenn sie siebzig Prozent in der Werkstatt arbeitet und dreißig Prozent Kurse gibt, verteilt sich das Einkommen umgekehrt. Sie gibt Handwerkskurse für Privatleute und unterrichtet Lehramts-, Natur- und Kulturstudierende. Und sie bleibt sich selbst treu:

«Ich muss Dinge erschaffen. Und ich glaube, viele andere haben auch diesen Drang», sagt Mari.

Am liebsten würde ich die Hand hochrecken und mich melden. Ich! Ich habe den Drang, Dinge selbst zu machen. Später hatte ich große Freude an dem buckeligen Holzlöffel, den ich in der Werkstatt der Folkehøyskole geschnitzt habe. Ich habe sogar noch einen geschnitzt, habe mir mein eigenes Hakenmesser gekauft (ein Messer mit runder Schneide, mit dem man Holz aushöhlen kann – es hat ein bisschen Ähnlichkeit mit diesem Werkzeug aus den achtziger Jahren, mit dem man Butterkugeln machte) und aus einer Maserknolle eine winzig kleine Schale gefertigt. Darin habe ich Salzflocken, ich benutze sie also jeden Tag.

Diese Dinge haben eins gemeinsam: Sie bedeuten mir viel mehr als gekaufte Löffel oder Schüsseln. Und dann fällt mir wieder dieses kluge Sprichwort ein, das ich mal gehört habe: Ist etwas der Mühe wert, getan zu werden, ist es auch wert, erst mal schlecht getan zu werden. Versteht sich von selbst, und doch ist es nicht schlecht, das im Hinterkopf zu haben.

Der Gedanke reift. Könnte ich es vielleicht doch schaffen, etwas aus diesen Baumstämmen zu bauen, die um meine Hütte herum liegen?

Ich brauche ja etwas. Etwas sehr Existenzielles sogar, das selbst einer einfachen Hütte wie meiner nicht fehlen darf! Als ich klein war, bestand das Klo aus einem ziemlich ekelhaften und unheimlichen Eimer im Keller. Dunkel und stinkig, wie das Ding war, flog es zügig für immer raus, als ich die Hütte übernahm. Lieber gehe ich an den Fluss oder grabe ein Loch im Wald.

Diese Methoden sind okay, wenn ich nur gelegentlich mal hier bin. Aber ich möchte in Zukunft oft hier sein. Ich brauche ein Außenklo. Es muss nicht groß sein, und ich stelle auch keine gehobenen Ansprüche an Komfort oder Einrichtung. Es soll sich ja niemand lange dort drin aufhalten. Und ich kann es im Wald verstecken.

Aber das Wichtigste ist, dass es nicht perfekt sein muss. Dafür habe ich auch gar nicht die richtigen Mittel. Denn wenn ich ein Außenklo baue, dann nur aus dem, was ich hier oben zur Verfügung habe. Ich will nicht haufenweise Bretter, Platten und Zement ranschleppen.

Was mir zur Verfügung steht, ist schnell gewachsener, dichter Fichtenwald. Weiche Stämme mit vielen harten Ästen sind so ziemlich das Gegenteil von dem, was man sich zum Bauen wünscht. Aber sie kosten nichts, ich habe endlos viele davon, und ich will ein Klohäuschen bauen, indem ich das Beste aus dem mache, was ich habe. Mein Klo soll eine Huldigung werden – ans Selbermachen, so gut man eben kann, ans Lernen und Scheitern und Weitermachen.

Eine Schule für alle – und für den ganzen Körper

Okay. Ich werde also ein ausreichend gutes Außenklo bauen, mit Baumaterial aus meinem direkten Umfeld. Quasi augenblicklich beginne ich zu planen – und fast ebenso augenblicklich erkenne ich das Problem: Ich soll eine Tür *bauen*? Und ist es nicht fies dort drinnen, ohne Fenster? Welche Werkzeuge benötige ich? Und überhaupt: Ein Blockhaus zu bauen, ist unmöglich. Doch wie sollen aus den runden Stämmen flache Bretter werden?

Zum Glück wird mir bald klar, dass ich nicht auf alle Fragen eine Antwort haben muss, ehe ich mit dem Bau beginne. Das meiste wird sich im Laufe der Arbeit lösen. Aber die letzten beiden Fragen beschäftigen mich trotzdem ziemlich. In der Hütte gibt es keinen Strom, und selbst wenn, hätte ich auch nicht gerade einen riesigen Maschinenpark zur Verfügung. Ein Akkubohrer steht schon lange auf meiner Wunschliste – und das hier ist doch ein guter Anlass, mir endlich einen anzuschaffen. Die Motorsäge ist natürlich auch mit von der Partie, aber darüber hinaus bin ich wohl gezwungen, mich auf die Axt, die Säge, das Messer und den Hobel zu verlassen.

Als ich mich durch den Werkzeugkasten in der Hütte wühle, stelle ich fest, dass ich mehr hilfreiche Werkzeuge habe, als mir bewusst war. Vier Äxte in unterschiedlichen Größen, eine Reihe Messer, ein paar Sägen und ein richtig alter abgenutzter Hobel. Aber die Sachen sind allesamt in schlechtem Zustand. Sie sind rostig und verdienen es, einmal über den Schleifstein gezogen zu werden – den ich nicht habe.

Wenn ich nun schon eine bin, die mit Äxten etc. arbeitet, dann möchte ich auch eine sein, die ihr Werkzeug in Ordnung hält. Wenn schon schwierig, dann mit Stil. Ich beschließe, einen Kurs in Werkzeugschleifen zu belegen. So etwas gibt es nämlich. Und das sogar an der Handwerksschule auf Hjerleid im Dovre – dem Herzstück norwegischer Handwerksarbeit.

Der Kurs ist so gestaltet, dass alle Teilnehmer ihr eigenes Werkzeug mitbringen und bearbeiten können. So gesehen der perfekte Ausgangspunkt für mich: ohne scharfe Werkzeuge kein Außenklo. Außerdem habe ich die Hoffnung, dass in dem Kurs noch andere mit unübersichtlichen Freizeitbauprojekten sind. Ob es für so was eine Art Interessengemeinschaft gibt?

Natürlich bin ich gespannt. Während ich den Strynefjellet überquere und weiter durch das Gudbrandsdal fahre, sausen die Gedanken durch meinen Kopf: Welche Art Leute reist nach Dovre, um einen Kurs in Werkzeugschleifen zu absolvieren? Wie gut sind sie? Ich bin ja nicht gerne die Schlechteste. Ich habe schon ein paarmal Werkzeuge geschliffen, hauptsächlich Sensen, und dann habe ich mich vielleicht noch an dem ein oder anderen Schnitzmesser versucht, aber ich habe den Dreh nie wirklich rausbekommen.

Die Theorie ist ja kein Problem. Die Fase – also die Seite der Klinge, die geschliffen werden soll – muss einen gewissen Winkel haben. In der Regel liegt der zwischen zwanzig und dreißig Grad. Ein wenig spitzer für ein scharfes Schnitzmesser, aber zu spitz darf er auch nicht sein, dann verhakt sich die Klinge im Holz. Der Winkel bei einer Axt ist etwas größer, aber wenn er zu groß ist, kann man mit der Axt weder spalten noch haken. Man schleift, bis man eine Rohklinge hat, bis die Klinge sozusagen Widerstand leistet und sich eigentlich alles andere als scharf anfühlt. Aber verfährt man so entlang der ganzen Klinge, ist sie fertig geschliffen. Dann geht es an den Wetzstein, der macht die Rohklinge glatt und wetzt die kleinen Unebenheiten aus, die die Schleifscheiben oder das Schleifblatt hinterlassen haben.

In Dovre angekommen, betrete ich eine riesige Halle, in der Blockhäuser gebaut werden. Zwei, drei halbfertige Blockhütten bilden den Hintergrund für den Schleifkurs. Mein erster Fehler ist, dass ich dem Kursleiter Steinar Moldal erzähle, dass der Hobel, den ich mitgebracht habe, so verrostet ist, dass ich nicht glaube, ihn wieder hinzubekommen. So etwas sagt man nicht unter Restauratoren. Hier pflegt man einen Ansatz, von dem der Rest der Gesellschaft sich ruhig eine Scheibe abschneiden könnte: so viel wie möglich erhalten. So wenig wie möglich austauschen. Das meiste kann man noch gebrauchen, und noch mehr kann man wieder instand setzen.

Sind vom Stock in der Wand nur fünfzehn Zentimeter morsch, dann tauscht man auch nur fünfzehn Zentimeter aus, zwanzig, wenn es hochkommt. Ist nur die Oberfläche eines Hobelzahns rostig, dann schleift man nur die Oberfläche.

Mein Hobel ist aus Holz und wahrscheinlich selbstgemacht. Da mein Großvater Schmied war, ist nicht auszuschließen, dass er auch den Hobelzahn selbstgeschmiedet hat. Ich will nicht leugnen, dass ich große Freude daran hätte, den Hobel wieder hinzukriegen. Nach ein paar Runden mit Rostlöser schaffe ich es, den Hobelzahn zu ziehen, und nach einer kurzen Behandlung mit der Polierscheibe sieht er schon wieder beträchtlich besser aus.

Dann soll also der Hobelzahn geschliffen werden. Zu zwölft stehen wir an den Schleifmaschinen und Wetzsteinen in der Blockhaushalle auf Hjerleid. Die meisten anderen Teilnehmer sind engagierte Hobbyheimwerker. Ein paar unterrichten Kunst und Handwerk, sie gehören zu den wenigen, die noch gut funktionierende Werkräume haben. Ein Werkraum gehört inzwischen nicht mehr zu den Anforderungen in norwegischen Schulen, und eine Studie aus dem Jahr 2019 zeigte, dass zehn Prozent der Schulen keinen Werkraum haben und viele der noch existierenden nur wenig genutzt werden. Nur die Hälfte aller Kunst und Handwerk Unterrichtenden haben die fachliche Qualifikation.

Ein paar der Kursteilnehmer sind Schnitzer, aber keiner von ihnen ist auch nur ansatzweise Fachmann im Stahlschleifen. Genau wie ich. Und es dauert nicht lange, da stellt sich mir schon die Frage, ob Kurse dieser Art die richtige Lernumgebung für mich sind. Ich habe keine Geduld, Fehler zu machen, bin genervt an der Grenze zu wütend. Denn es ist nun mal eine Sache, den richtigen Schleifwinkel zu finden, und eine andere, ihn über die gesamte Fläche zu halten.

Ich weiß, dass ich beim ersten Mal kein perfektes Ergebnis erwarten kann, aber es nervt mich so ungeheuerlich. Vor allem, weil ich mich voll wiedererkenne: ungeschickt. Ein fürchterlich dummes und wenig konstruktives Gefühl, das noch aus meiner Kindheit stammt. Ich erinnere noch, wie wenig zufriedenstellend Werken sein konnte.

Ich weiß noch, wie ungeschickt meine Hände sich anfühlten, als sie eine Dose aus Holzfurnier anfertigen sollten und dazu dünnes feuchtes Holz langsam um eine Form biegen mussten, die Enden verkleben und mit Zwingen befestigen, sodass das Furnier in dieser Form trocknen konnte. Ich wusste, dass ich das niemals gut hinbekommen würde, nicht gut genug jedenfalls, denn ich hatte es ja noch nie gemacht, und ich würde es auch nie wieder machen, denn diese Art der Dosenherstellung stand nur für einen Lehrabschnitt auf dem Plan im Werkunterricht, und das war viel zu wenig Zeit, um die Technik in die Finger zu bekommen.

Kopf und Hände lernen voneinander

Was hat eigentlich die Kindheit damit zu tun, wie gut oder schlecht man einen Hobelzahn schleifen oder eine Holzdose anfertigen kann? Selbst früher durften die Kinder kaum mehr tun, als die Kurbel am Schleifstein zu drehen.

Tja, es hat wohl damit zu tun, dass man, auch wenn man nie zu alt ist, um dazuzulernen, auch wenn es gut ist, dass immer mehr Erwachsene Werkzeugschleifkurse, Bierbrau- und Webkurse belegen, um sich ein Handwerk anzueignen, nicht mal davon träumen kann, Dinge so zu lernen wie als Kind. Und das gilt sowohl für das Lernen mit dem Kopf als auch mit den Händen.

Wir sind den Gedanken gewohnt, dass unser großes kluges Gehirn uns zu dem gemacht hat, was wir sind, und dass dadurch auch unsere Hände derartig funktionell sind. Kein Wunder, dass wir so denken, denn unser Gehirn ist ja auch ziemlich fantastisch. Es macht nur zwei Prozent unseres Körpergewichts aus und verbraucht fast zwanzig Prozent unserer Energie. Die Kapazität unseres Kraniums – also das Volumen im Inneren des Kraniums – ist ungefähr doppelt so groß wie das Gehirn unseres nahen Artverwandten, des Gorillas.

Dennoch ist die größte Besonderheit an uns Menschen, wie unreif wir geboren werden. Wir haben einen Greifreflex wie die Affen, aber so schwach, wie er ist, dient er kaum zu mehr als zur Herstellung emotionaler Bindung. Aber auch im Inneren sind wir unfertig, ein weißes Blatt Papier. Wir haben nämlich einen Kopf voll lernbegieriger Nervenzellen, die alle nur darauf warten, mit Wissen gefüttert zu werden. Und ein beträchtlicher Teil dieser Nervenzellen lernt von unseren Händen.

Wie viel unserer Hirnmasse die unterschiedlichen Körperteile beanspruchen, ist keineswegs proportional zur Größe des Körperteils. Das ist nicht wirklich verwunderlich. Aber auch wenn wir ohne weiteres begreifen, dass die Gesäßmuskulatur nicht genau so viel Hirnkapazität beanspruucht wie die Zungenspitze, ist es doch überraschend, wie viel Kapazität für die Hände vorgesehen ist. Würde die Motorik die Größe der Körperteile bestimmen, wären Mund, Augen und Nase groß, aber keinesfalls am größten: Der ganze Körper würde in eine unserer Hände passen – und es wäre noch Platz.

Sensorisch betrachtet, ist es keine Überraschung, dass die Lippen und die Zunge in gewissem Grad mithalten können, aber auch hier schneiden die Hände deutlich stärker ab: Vertreten durch die Haut, die sie bedeckt, sind sie unser größtes Sinnesorgan. Kein anderer Körperteil – weder die Zungen- noch die Penisspitze – kann sich mit der Gefühls-palette messen, die wir in unseren Fingerspitzen tragen.

Das ist wirklich spannend. Wenn unsere Hände so viel Platz in unserem Gehirn beanspruchen, ist es dann möglich, dass der Kopf nicht nur von den Händen lernt, sondern auch umgekehrt? Wie sind wir eigentlich zu dem geworden, was wir sind, und wie pflegen wir unser enormes Potenzial? Um mehr darüber herauszufinden, habe ich mich ins Büro des Hirnforschers Per Brodal eingeladen.

«Dass so viele unserer Gehirnzellen darauf programmiert sind, die Hände zu steuern, zeigt, dass die Hände am An-fang viele Wahlmöglichkeiten haben», erzählt Per Brodal. Er hat unter anderem ein Standardlehrwerk geschrieben, in dem es um das zentrale Nervensystem geht, mit besonde-rem Fokus auf die Theorie, dass das Gehirn ohne die Hände genauso wenig wäre wie die Hände ohne das Gehirn.

Die Bewegungen, die unsere Hände in den ersten Le-bensjahren machen, bilden unsere spätere Feinmotorik aus, erklärt Brodal. Damit diese Motorik sich so gut wie möglich entwickeln kann, muss sie so früh wie möglich viel benutzt werden. Die blanken Zellen in unserem Kopf warten nämlich nicht ewig. Uns bleiben ein paar Jahre in unserer Kindheit und Jugend, um ihnen die Bewegungen beizubringen, dann verschwinden sie – und mit ihnen die einmalige Gelegenheit, unsere Hände zu schulen.

Glücklicherweise bedeutet das nicht, dass es mit unserem Hirnvolumen auf die gleiche Art bergab geht, aber der vorgesehene Platz wird dann für andere Funktionen verwendet. Wenn ich also zwölf Jahre die Schulbank drücke in einem System, das laut Autor und Lektor Egil Børre Johnsen ein theoretisches Übergewicht hat, das «heute größer ist als früher in der Lateinschule», beanspruchen die Nervenzellen, die auf diese Art Wissen spezialisiert sind, mehr Platz als die, die meinen Händen dabei helfen, ein Messer gleichmäßig über eine Holzfläche zu ziehen oder eine dreidimensionale Konstruktion zu planen.

Brodal hat es auf sich genommen, mir zu erklären, wie der Gebrauch der Hände das Gehirn beeinflusst. Gerne so anschaulich wie möglich. Das Gespräch ist schnell wieder bei der menschlichen Entwicklungsgeschichte.

«Die Hände und der Kopf haben sich parallel entwickelt. Unser Gehirn ist gewachsen und wurde immer besser und feinjustiert, währenddessen entwickelten unsere Hände ein Feingefühl», erklärt er.

Dieser Entwicklungsschritt hat ungefähr drei Millionen Jahre gedauert. Unsere Vorfahren begannen, Werkzeuge zu benutzen. Um das zu tun, mussten sie in der Lage sein zu planen, und sie mussten die Fähigkeit haben, ein langfristiges Ziel zu verfolgen. Mit der Zeit mussten sie den Prozess auch ihren Schwestern und Brüdern erklären, und nicht zuletzt ihren Kindern. Dieser Drang führte schließlich zur Sprachentwicklung – eine weitere einzigartige menschliche Qualität. Wie genau die Sprache entstanden ist, wissen wir tatsächlich nicht. Vielleicht haben die Menschen einander anfangs imitiert. Dann begannen sie, Botschaften zu mimen, was sich insofern vom Nachahmen unterscheidet, als dass es eine geplante Äußerung ist. Die Grundlage dafür ist ein Gehirn, das Bewegung und visuelle Eindrücke koordiniert.

Als die Menschen begannen umherzuziehen, wurde es noch wichtiger, über Erlebtes zu sprechen. Ebenfalls war es notwendig, flexibel zu sein. Hier kam der Generalist zu seinem Recht. Sie wussten ja nicht, was sie erwartete, wenn sie in fremder Umgebung morgens die Augen aufschlugen. War der Boden von weißem kaltem Puder bedeckt? War das Wasser fest und tragfähig geworden? Oder war der Bach plötzlich nur noch staubige Erde? Musste man vor einem Waldbrand schnell davonlaufen oder still sitzen, damit der Bisonbulle einen nicht hörte? Es waren spannende Zeiten, als der Mensch lernte, sich anzupassen – möglicherweise die wichtigste aller Eigenschaften, die uns in der Geschichte vorangebracht hat.

Darum sind unsere Hände vielfältig einsetzbar. Sie sind keine spezialisierten Hufe wie die der Steppentiere oder Pferde, Klauen zum Klettern, wie die Bergziegen sie haben. Unsere Hände können fast alles bewerkstelligen, und unser Gehirn hat für diese Handarbeit überproportional viel Platz freigehalten.

Aber, wie gesagt, diese Hirnkapazität wird nicht ewig vorgehalten. Das zeigen beispielsweise allzu viele traurige Linkshändergeschichten: Linkshändige Kinder, die über einen Zeitraum gezwungen wurden, mit der rechten Hand zu schreiben, entwickelten zwei mehr oder weniger nutzlose Hände. Wenn sie dann als Erwachsene versuchten, zur linken Hand zurückzukehren, brachten sie nicht viel zustande. Das Zeitfenster für Feinmotorik im Praietallappen war geschlossen.

«Im ersten Lebensjahr verdreifacht sich das Gewicht unseres Gehirns», erklärt Brodal, «und es wächst weiter, bis wir fünf, sechs Jahre alt sind.»

Während dieser Jahre bauen die Nervenzellen Verbindungen auf – sogenannte Synapsen –, die für den Rest unseres Lebens unser Bewegungsrepertoire bestimmen. Jede Zelle wird so mit Hunderten oder Tausenden anderen verbunden.

Brodal berichtet, dass man an der Hirnaktivität ablesen kann, wie erfahren ein Mensch beim Ausführen von unterschiedlichen Tätigkeiten ist. Anfangs beanspruchen wir einen großen Teil des Gehirns, um Dinge zu tun. Wir konzentrieren uns so massiv, dass ein großer Teil der Großhirnrinde buchstäblich aufleuchtet. Mit der Zeit, wenn wir unsere Fähigkeiten verbessern und irgendwann richtig gut sind, erlischt das Licht wieder. Wenn die Fertigkeiten automatisiert sind – oder ausgelernt –, haben sie einen festen Platz in der Großhirnrinde. Ein gutes Beispiel dafür ist der Gebrauch von Werkzeugen. Wenn wir im Umgang mit ihnen gut geschult sind, sind auch die Werkzeuge in unserem Hirn gespeichert – quasi als Verlängerung unserer Hände.

«Es gibt hier keine Abkürzungen, da müssen eine Menge Verbindungen hergestellt werden», betont Brodal.

Wieder sind die ersten Lebensjahre entscheidend. Gewisse kritische Phasen für die Sinnes- und Körperentwicklung sind gesellschaftlich definiert: Ein Kind sollte bei- spielsweise ein bestimmtes sprachliches Niveau erreichen, bis es fünf Jahre alt ist. Für die Hände gibt es auch so eine kritische Phase, sie ist nur nicht genauso streng definiert. Noch nicht.

«Wir müssen Voraussetzungen schaffen, um die Welt in all ihren Ausprägungen kennenzulernen, und ein gutes Körpergefühl erhalten, auch wenn wir ständig weiteren Technologien gegenüberstehen», schließt Brodal – und weist uns damit den weiteren Weg: den zum Schulsystem.

Der Schule fehlt es an praktischer Tauglichkeit

Bei all unserem Unwissen über die menschliche Entwick- lung wissen wir doch eines ganz genau: Unsere Hände be- nötigen mindestens genauso viel Training und Stimulation wie unser Gehirn, um ebenso gut zu werden. Und wir wis- sen, dass die beiden unlösbar miteinander verbunden sind.

Vor dem Hintergrund dieses Wissens entwickeln wir einen Ausbildungsverlauf. Die Grundausbildung dauert in Norwegen von der ersten bis zur zehnten Klasse, dann folgen weitere drei oder vier Jahre auf weiterführenden Schulen. Das sind zusammen mindestens dreizehn Jahre im staatlich pädagogischen Schulsystem. Momentan segeln wir unter der Flagge der Bildungsreform.

Das Hauptanliegen der Bildungsreform war ein besser angepasster Unterricht und die Stärkung der als «grund- legende Fertigkeiten» definierten Fähigkeiten der Schü- ler:innen. Norwegische Kinder waren zu schlecht im Lesen, Schreiben und Rechnen, und das benachteiligte sie in allen

Lernbelangen: Wer nicht lesen kann, kann auch keine Biologie lernen.

Sich mündlich ausdrücken zu können, lesen, schreiben und in der Lage zu sein, digitale Hilfsmittel zu verwenden, sind die vier grundlegenden Fertigkeiten.

Die digitale Fertigkeit wurde unter anderem folgendermaßen definiert: «Informationen sammeln und verwenden, digitale Ressourcen kreativ und produktiv nutzen, in digitalem Umfeld mit anderen kommunizieren und zusammenarbeiten.»

Das ist wichtig und schön und gut. Wenn wir nun aber im vorangegangenen Absatz das Wort «digital» durch das Wort «physisch» ersetzten? Würde das nicht einen ganz wesentlichen Teil dessen abdecken, was uns als Menschen ausmacht? Ein Teil, der entwickelt oder unterdrückt werden kann, je nachdem, wie viel Förderung er erfährt – unter anderem in der Schule? Zumindest wenn man bedenkt, was wir über das Wann und Wie der Entwicklung von motorischen Fähigkeiten bei Kindern wissen, meine ich.

Es bestehen kaum Zweifel, dass sich die Schulbehörde «mehr Praxis in der Schule» auf die Fahne geschrieben hat. Der übergeordnete, sogenannte «allgemeine Teil» des Lehrplans bestimmt, dass die Schule sowohl «Hand und Herz» bilden möge als auch «Lust machen solle, Neues zu entdecken». Aber wie sollen wir das Engagement für mehr Praxis in der Schule bewerten, wenn doch die Grundlage dafür weiterhin so – na ja, grundlegend – theoretisch, abstrakt ist und so wenig darauf aufbaut, dass wir physische Wesen mit physischem Schaffensdrang sind? Die Politik versucht offensichtlich, Worten Taten folgen zu lassen – buchstäblich. Als das Kultusministerium und die Schulbehörde in den vergangenen Jahren alle Lehrpläne reformiert haben, wurden mehr praktische Ziele formuliert. Eine Maßnahme wurde schnell durchgeführt:

Schon 2016 gab der damalige Kultusminister Torbjørn Røe Isaksen bekannt, er wolle das Fach Kunst und Handwerk zweiteilen. Zum einen in einen mehr theoretisch orientierten Kunst- und Ästhetikbereich, zum anderen in eine praktische Handwerksausrichtung. Die Schüler:innen würden zwischen diesen beiden Fachrichtungen wählen müssen. Und ab 2020 würde dann ein berufsorientiertes Handwerksfach als Wahlfach in der Schule angeboten.

Das Stichwort hier heißt «berufsorientiert» – das Fach soll zum Berufsfach führen und dann weiter ins Arbeitsleben. Ja, gut, aber sollen denn nur die, die ein Handwerk zum Beruf machen wollen, die Gelegenheit haben, ihre praktischen Fähigkeiten zu entwickeln? Sollten wir es uns nicht leisten können, allen diese Chance zu geben?

Eine Ahnung dieses Ansatzes finde ich in der Begründung der Lehrplanänderungen für den Kunst- und Handwerksunterricht: «Praktisches Geschick und die Fähigkeit zur praktischen Problemlösung sind ein notwendiger Teil der Allgemeinbildung zur Bewältigung des Alltags», formuliert es die Arbeitsgruppe.

So einfach und so treffend kann man es ausdrücken. Und die Konsequenz daraus sollte eine neue, grundlegende Qualifikation sein: die praktische, physische oder schöpferische Tauglichkeit.

Denn praktisches Geschick ist auch eine Fertigkeit, und Praxis und praktisches Wissen sind nicht nur Werkzeuge, um unruhige Kinder dazu zu bringen, still zu sitzen und noch mehr theoretisches Wissen aufzunehmen – sie sind ein für sich stehendes Ziel, denn selbst eine Welt, die digitale Fähigkeiten einschließt, ist meilenweit davon entfernt, ohne Praktiker zurechtzukommen.

Zurück zu meinem Schleifkurs. Am Schluss wird mein Hobelzahn doch noch scharf. Erst schleife ich ihn mit einem Bandschleifer gerade, dann auf dem Schleifstein konkav, und dann wetze ich die Rückseite. Die muss nämlich plan sein. Und das ist leichter gesagt als getan. Zum Schluss muss noch der Winkelschleifer her.

Wir bauen den Hobel wieder zusammen, und wie er dann singt, als ich ihn an einer Holzbohle ausprobiere, die dort liegt. Mir ist noch nie aufgefallen, dass Hobel singen. Jetzt gefällt mir der Kurs wieder.

Ich fahre mit einem Kofferraum voll geschärfter Werkzeuge nach Hause. Äxte, Messer, der Hobel und auch noch eine Sense. Auf der richtigen Seite der Berge kommt mir der Frühling entgegen. Es gibt keine Ausreden mehr, nur noch Spannung, Erwartung, Neugier und Schöpferdrang: Jetzt wird gebaut.

KAPITEL 3

In dem ich etwas hinaufklettere, das ich selbst gebaut habe

Zurück in der Hütte ist alles natürlich etwas schwieriger. Ich schleiche um mich selbst herum, überlege und grüble, schaue mir Baumstämme und Plätze an. Wo könnte das Außenklo stehen? Wie weit von der Hütte entfernt? Wie soll ich es bauen, und wie soll ich anfangen? Ich meine, wie soll ich es im Boden verankern?

Aus Erfahrung weiß ich, dass der Boden supersteinig ist. Es sind eben nur ein paar Meter bis zum Fluss, der nach der Eiszeit dieses ganze Tal gegraben hat. Da kommen schon eine Menge Steine zusammen. Außerdem hat der Nadelwald eine gleichmäßige feste Schicht Wurzeln über, um und zwischen den Steinen ausgebreitet.

Trotzdem fasse ich den Plan zu graben. Ich will das Klo auf einem Gestell bauen, das in der Erde sitzt. Hübsch überdimensioniert sollen sie ruhig sein, meine Eckbalken, wo ich doch so viele davon zur Verfügung habe.

Wenn es mir nur gelingt, tief genug zu graben, werden die Wurzeln und Steine vielleicht ihr Übriges dazu beitragen, die Konstruktion zu stabilisieren. Ich werde einen Rahmen bauen, ihn mit schrägen Balken abstützen, einen Boden und ein Dach fertigen, darunter ein Sitz mit Loch, noch ein bisschen Wandverkleidung, und fertig ist die Laube. So betrachtet ein Spaziergang, ruckzuck an einem Nachmittag gemacht.

Schaut man aber genauer hin, steht man natürlich vor einer Reihe verschiedenster Herausforderungen. Ich muss ja nicht nur ein paar richtig große Felsbrocken bewegen, auch die Balken werden einiges wiegen. Sie müssen einigermaßen gerade stehen, jeder für sich und auch im Verhältnis zueinander. Ob ich das alleine hinbekomme?

Ich werde es nicht erfahren. Denn ich hole mir Hilfe. Jakob und Konni tauchen auf, zwei österreichische Freunde auf Urlaub (ich kenne nur den einen, aber die beiden sind Freunde). Jakob kennt sich ein bisschen mit Hausbau aus, und beide scheinen es ausreichend ausgefallen zu finden, in den norwegischen Bergen ein Außenklo zu bauen, um dafür ein Wochenende zu opfern.

Die Balken sind gefällt, geschnitten und entastet. Der Standort ist bestimmt – etwa fünfzig Meter von der Hütte entfernt, im Schutz des Waldes, wo der Boden einigermaßen eben ist und sich zwischen den Bäumen eine kleine passende Lücke auftut.

Wir beginnen die Arbeit mit einem Lagerfeuerkaffee, dazu Papier und Bleistift, um uns auf ein Vorgehen zu einigen. Das Lagerfeuer dient nicht nur als Kaffeemaschine, ich will die unteren Enden der Eckbalken über das Feuer legen, in der Hoffnung, dass die verbrannte Oberfläche sie schützt. Diesen Trick habe ich beim Zaunbau gelernt. Fichten sind nicht gerade bekannt für ihre lange Haltbarkeit, aber abgeflämmte Balken können mindesten dreißig bis fünfzig Jahre halten. So ist es ja eigentlich meistens: Es gelingt mir, etwas auf die Beine zu stellen, ohne dass es sofort zusammenkracht, aber wie gut es dann hält, wie es funktioniert, kann nur die Zeit zeigen. Ich werde es wahrscheinlich, erst lange nachdem dieses Buch erschienen ist, erfahren.

Aber um überhaupt irgendetwas genauer planen zu können, müssen wir erst mal graben. Mit Spaten, Hacke, Brecheisen und der gespannten Arbeitsfreude der Anfangsphase. Die großen Steine liegen dicht an dicht. Aber sie sind nicht zu groß und zu viele, als dass sie sich nicht irgendwann unserem Arbeitseifer ergeben müssen. Die Wurzeln geben der Hacke und Axt nach, und leichter, als wir es erwartet hätten, sind wir schon einen Meter tief im Erdreich. Stellt sich die Frage, ob das Ganze nicht ein bisschen zu schnell gegangen ist? Wir schleppen die Balken hinüber und stellen sie einen nach dem anderen in den Löchern auf. Aber, wie soll ich sagen? Die Löcher sind nicht wirklich viereckig. Eher rhombenförmig, hauptsächlich aber schief. Ein Großteil der Schuld geht an die großen Steine. Sie haben die Löcher schlicht und ergreifend verschoben, und wir haben nicht immer die Möglichkeit zu entscheiden, in welche Richtung es weitergeht. Aber ein bisschen sind wir mit unserem Arbeitseifer natürlich auch selbst schuld – die Löcher sind ein notwendiges Übel, aber wir wollen so gerne endlich anfangen zu bauen.

Was also tun? Wenn wir neue Löcher ausheben, gehen sie in die alten über, die ja immerhin einen Durchmesser von gut einem halben Meter aufweisen, und die Wände sollen ja nicht viel länger als ein Meter werden.

Nein, es muss irgendwie anders gehen. Einen nach dem anderen nehmen wir uns die Eckbalken vor, setzen sie ein, bringen sie ins Lot, füllen kleine und größere Steine bei, dann Erde und Torf drumherum. Wir hopsen und trampeln und stampfen zum Verdichten, legen noch weiter Steine nach. Jeder Balken für sich muss aufrecht stehen, und mit der Zeit gelingt es auch, aber die Sicherheit und Stabilität stellt sich erst ein, als wir sie miteinander verbinden. Wobei sie immer noch wackeliger sind, als ich es für einen guten Eckbalken für richtig halte.

Jakob ist dennoch der Ansicht, dass es ausreicht, und auch wenn er gerade Mal Mitte zwanzig ist, hat er doch schon mehr Häuser gebaut als ich. Mit seinem Vater zusammen hat er gerade einen kleinen Bauernhof von Grund auf saniert. Außerdem studiert er in Graz Bauingenieurwesen. Klingt ziemlich clever. Wir haben uns vor ein paar Jahren auf einem Segeltörn kennengelernt. Jakob ist ein durch und durch angenehmer Typ. Selbst auf einem Segelboot mit begrenztem Platz-, Essens- und Wärmeangebot nervt er nie. Mit genau so einem will man Häuser bauen.

Also gehen wir ans Werk. Die Stützen stehen, nun kommt der Bohrer zum Einsatz, richtig lange Schrauben und noch ein paar dünnere Stämme zur Verbindung. Und jetzt fängt es auch wirklich an, Spaß zu machen. Es ist ja an einfachem Werkzeug nichts auszusetzen, aber so ein vollgeladener Bohrer ist schon eine gute Sache. Richtig eingesetzt, lässt er fünfzehn Zentimeter lange Schrauben im Holz verschwinden, und mit jedem weiteren Stamm, den wir anbringen, gewinnt unser Bauwerk an Stabilität. Bevor wir anfingen, konnte ich jeden der dünnen Stämmchen problemlos mit einer Hand verbiegen. Nachdem immer zwei miteinander verbunden waren, brauchte ich dafür schon beide Hände. Und jetzt, wo alle vier miteinander verschraubt sind, fühlt sich die ganze Konstruktion total stabil an. Dennoch bringen wir hier und da noch schräge Stütz-streben an sowie die Rahmen für Tür und Fenster, ehe wir uns trauen, die Konstruktion wirklich zu testen – natürlich indem wir hinaufklettern.

Ich habe es schon immer geliebt zu klettern – ob auf Bäume oder kleine Felswände, ob in die Takelage von Segelbooten oder auf Silos. Aber noch nie hat es mir so viel Spaß gemacht, wie auf meinem selbstgebauten Klettergerüst herumzukraxeln. Denn während wir anfangen, die Dachsparren herzustellen, und bevor wir die Dachlatten anbringen, ist das fertige Grundgerüst das perfekte Klettergerät. Man kann sich dranhängen und baumeln lassen, man kann rauf- und runterklettern und drüber und mittendurch, und es bewegt sich keinen Millimeter. Die Stämme, die wir nur zum Teil entrindet haben, geben einen guten Halt und fühlen sich vollkommen stabil an. Irgendwann muss ich so etwas noch mal bauen – dann aber ausschließlich zum Spielen.

Denn dieses hier braucht leider noch ein Dach, und wenn erst die Dachlatten auf den Sparren sind, nimmt der Kletterwert rapide ab. Trotzdem ist die Stimmung gut. Die Sonne scheint, und die Spätsommerwärme ist noch so intensiv, dass es zwischen den Fichten angenehm kühl ist.

Natürlich hätte ich die Stämme in traditioneller Weise miteinander verbinden können – vielleicht sogar sollen. Vielleicht wäre das Ergebnis stabiler und schöner geworden, aber es hätte auch viel mehr Zeit in Anspruch genommen. Wenn ich es mir jetzt so anschaue, finde ich, dass es ruppig und cool aussieht. Ich genieße es, dass wir Fortschritte machen, dass es schnell geht und ich Gesellschaft habe. Wir arbeiten gut zusammen, und ich zeige den beiden gerne meine Hütte und die Umgebung.

«Wie hat dein Großvater bloß diese riesigen Steine so schön in die Grundmauern bekommen?», fragt Jakob, und ich bleibe ihm die Antwort schuldig.

Für mich war die Hütte einfach immer schon da, ein Ort, an dem wir Wochenenden und Ferien verbracht haben, solange ich denken kann. Ich habe nie darüber nachgedacht, wie sie zustande gekommen ist. Aber jetzt frage ich mich das natürlich auch. Wenn die Blockhütte schon fertig war, als mein Großvater sie gewann, musste sie in Einzelteilen hier heraufgebracht und dann auf die Grundmauern montiert worden sein. Wie hat er das bewerkstelligt? Und der große Kanonenofen in der Küche – wie hat er den hier heraufgeschafft? So ganz ohne Hubschrauber, meine ich. Die Grundmauer besteht aus riesigen Natursteinen, wahrscheinlich aus dem Fluss, und sie sind genau so gesetzt, dass die Mauer stabil steht. Wie hat er das gemacht?

Ich weiß, dass mein Großvater Steine sehr gern mochte. Eine meiner Lieblingsgeschichten, die ich vor allem darum mag, weil ich nicht genau weiß, was ich von ihr halten soll, handelt von meinem Großvater und einem Stein. Der Stein liegt im Fluss, gleich unterhalb der Hütte, er ist ungefähr 2 mal 1,5 Meter groß und ist der Länge nach in zwei Hälften gespalten. Er ist ziemlich perfekt auseinandergebrochen, und die beiden Hälften lehnen, mit dem Riss dazwischen, aneinander.

Aber der Stein ist nicht immer zerbrochen gewesen. Der Sage nach hat Großvater viel Zeit und Energie darauf verwendet, diesen Stein zu teilen. Warum er das wollte, ist nicht wirklich überliefert, wahrscheinlich wollte er ihn irgendwo verbauen. Er versuchte es mit Werkzeugen und Dynamit. Die Geschichte besagt, dass er das Unterfangen noch nicht aufgegeben hatte, als er 1971 völlig überraschend an einem Schlaganfall starb.

Nicht lange nach Steinars Tod gab es ein großes Unwetter in Holmedal. Blitz und Donner. So etwas kommt ja gelegentlich vor, aber nur selten findet zwischen all den Bergen ein Blitz den Weg in die Erde. An diesem Abend aber passierte es. Ein Blitz schlug ein in den Stein im Fluss und spaltete ihn in der Mitte. So liegt er auch jetzt noch da. So wie Großvater ihn geteilt hätte.

Mehr sage ich dazu nicht. Aber näher als hier oben werde ich diesem Großvater, den ich nie kennengelernt habe, wohl nie kommen.

Als ich genauer hinschaue, erkenne ich rund um die Hütte, dass Großvater fleißig wie eine Ameise war. Die Bäume stehen in geraden Reihen, mein Vater berichtete, dass es keine große Freude gewesen sei, sie zu pflanzen, aber so machte man es eben nach dem Krieg, um das Land wieder aufzubauen. Zwischen den Bäumen hat Großvater tiefe Rinnen angelegt. Sie sollten den Fichten helfen, in dem feuchten Morast zu wachsen. An manchen Stellen verlaufen die Rinnen zwischen den Steinen, andernorts entdecke ich, dass größere Steine ausgegraben wurden. Raus aus der Rinne und ab unter die Hütte.

Nicht alle Pläne sind aufgegangen. In der Küche gibt es ein Spülbecken mit Abfluss, aber das Abwasser läuft einfach nur in einen Eimer, den man draußen ausleeren muss. Das Wissen und das Engagement sind mit Großvater verschwunden. Als ich die Hütte 2006 übernahm, war sie in ziemlich schlechtem Zustand. Der Schiefer war brüchig, die Paneele sahen aus, als hätten sie nicht die Farbe abbekommen, die sie brauchten. Den Fenstern fehlte der Kitt, und nicht alle hätten sich öffnen lassen, hätte man es versucht. Ich wollte die Hütte nicht verkaufen, aber ich hatte auch kein großes Interesse daran und wohnte auch nicht nah genug, um sie instand zu setzen. Die Lösung war, sie an einen Tischler zu vermieten, der die anfallenden Arbeiten übernahm und dafür die Hütte benutzen durfte. Die Materialien bezahlte ich. Die Hütte bekam ein neues Gewand, neue Fenster mit Doppelverglasung und ein neues Wellblechdach – mit Steinwolle isoliert. Sie war bereit für die nächste Generation.

Das Dach, in dem eine Menge angewandter Mathematik steckte

Jakob und Konni sind abgereist, und ich stehe allein da mit meinem Grundgerüst. Es dauert nicht lange, da ist mein Gegenwarts-Ich genervt von den Ungenauigkeiten, die mein Vergangenheits-Ich zu verantworten hat.

Zum Beispiel, dass das Außenklo nicht ganz rechtwinklig ist: Die Winkel sind nicht so schief, dass man es von Weitem sieht, aber jetzt, als ich die Fenster einsetzen will, fällt es mir auf. Na schön.

Schon als wir die Dachplanken gelegt haben, bemerkten wir, wie schief das Bauwerk ist. Die eine Seitenwand ist fünfzehn Zentimeter länger als die andere. Das führte dazu, dass die unterste Planke abgeschrägt werden musste.

Die letzte war dann nur ein kleines Dreieck unten in der Ecke.

Die Dachplanken waren ein buntes Sammelsurium. Ein paar hatte ich noch im Keller, ein paar waren alt, und einige waren noch von der Renovierung der Hütte übrig. Sie liegen dicht an dicht nebeneinander, mit einer Plane bespannt. Die Plane hat die Feuchtigkeit abgehalten, aber jetzt soll ein Wellblechdach darauf.

Auch das Wellblech ist noch von der Sanierung übrig. Ursprünglich war das Dach der Hütte mit Schiefer gedeckt, aber schließlich waren so viele Platten brüchig gewesen, dass der Tischler, der die Renovierung übernommen hatte, es nicht wagte, sie wieder draufzulegen. Die Platten liegen noch da. Erst dachte ich, sie würden sich auf dem Dach des Außenklos gut machen, aber dann kamen die praktischen Herausforderungen: Ich habe keine Abdichtung, ich weiß nicht, wie man sie anbringt, und die ganze Sache würde beträchtlich viel länger dauern, als einfach zwei Blechplatten aufs Dach zu bugsieren.

Glaube ich, jedenfalls. In Wahrheit muss ja auch ein Blechdach genau so abgedichtet werden wie ein Schieferdach, damit die Planken darunter nicht feucht und morsch werden. Jetzt ist aber mein Außenklo eine ziemlich luftige Angelegenheit, das sollte also gehen. Eine Herausforderung bleibt noch: Die Blechplatten sind größer als das Dach. Wie soll ich die beschneiden?

Normalerweise würde ich dafür einen Winkelschleifer zu Hilfe nehmen. Aber ich habe keinen Winkelschleifer, und ich habe keinen Strom, an den ich ihn anschließen könnte. Und mir einen akkubetriebenen Winkelschleifer zu kaufen, nur um eine Blechplatte zu kürzen, kommt mir übertrieben vor. Auch habe ich keine Bogensäge oder sonst eine Metall-säge. Schließlich setze ich auf den Hammer und die rostige, stumpfe Axt im Keller. Mit ein paar Schlägen bin ich durch das Metall, ich haue mich erst durch die Wellen, die nach oben zeigen, dann drehe ich das Blech um und wiederhole die Prozedur. Schön ist das Ergebnis nicht, aber es funktioniert – und eine Bogensäge kann ich mir später immer noch besorgen.

Die Dachfläche ist klein genug, dass ich die Bleche problemlos hinaufbekomme, und doch zu groß, um die Schrauben in der Mitte befestigen zu können, ohne drauf zu klettern. Die Schräge ist beträchtlich, aber ich kann zumindest noch darauf sitzen.

Wie groß ist das Gefälle genau? Es schadet nie, das zu wissen. In offizielleren Gebäuden gelten für die unterschiedlichen Dachabdeckungen unterschiedliche Vorschriften bezüglich der Neigungswinkel. In meinem Fall geht es eher darum, ob der Schnee abrutschen wird oder nicht.

Wir können die Dachschräge wie einen Winkel berechnen – als den Winkel zwischen der niedrigen Hinterwand und der höheren Vorderwand. Oder als Verhältnis vom Abstand der beiden Wände zum Höhenunterschied – eine Prozentangabe.

Welche Variante ist wohl am einfachsten zu vermessen?

Schwups, ganz ohne es zu bemerken und mich zu gruseln, stecke ich mit einem Mal mitten in der Mathematik. Es geht um Pythagoras, Sinus, Cosinus und Tangens – kurz, um all das, was seinerzeit in der Schule dazu führte, dass ich innerhalb eines Jahres zwei Mathematiklehrer verschlissen habe.

Die erste Runde auf der weiterführenden Schule in San-
dane absolvierte ich im Musikzweig. Zusätzlich zu den Spe-
zialfächern hatten wir noch ausreichend Unterricht in den
Allgemeinfächern, um im Anschluss an die drei Jahre auf
der weiterführenden Schule den höheren Bildungsweg einzuschlagen. Wir hatten ein Jahr mit Naturwissenschaften,
ein Jahr gesellschaftskundliche Fächer wie Geschichte und
Politik, drei Jahre Norwegisch, ein Jahr Englisch und ein
Jahr Mathematik.

Es war das zweite Jahr, ich war siebzehn Jahre alt, einigermaßen unmotiviert, sehr trotzig und zum Kampf bereit –
mit der Frage «Warum das denn?» als meiner Hauptwaffe.

Im Laufe dieses Jahres standen unter anderem Sinus,
Cosinus und Tangens auf dem Plan. Die magischen For-
meln, mit denen man die Winkel in rechtwinkligen Dreiecken berechnen kann. Aber wir mussten uns in Mathe
nicht besonders hervortun. Es musste einfach nur reichen,
um Geschlechterforschung, Orientalistik oder Sozial-
anthropologie studieren zu können, falls wir den musika-
lischen Lebensweg verwarfen; für das Ingenieurwesen oder
ein Studium der Krankenpflege reichte es nicht. Darum
mussten wir nicht weiter begreifen, warum die Dinge
waren, wie sie waren, sondern lediglich, wie man auf dem
Taschenrechner zum richtigen Ergebnis kommt.

Damit wollte sich mein Kopf nicht zufriedengeben.
Eine Regel, die ich einfach nur akzeptieren muss, hilft mir
nicht weiter. Ich brauche eine konkrete Verbindung zum
Wissen. Ein Verständnis für die Hintergründe. Dass meine
Mathelehrer mir das nicht vermitteln konnten, frustrierte
mich ungeheuer. Und diese Frustration behielt ich nicht
für mich. Im Gegenteil: Ich nutzte jede Gelegenheit meine

einigermaßen harmlosen Mathelehrer damit zu piesacken, dass ich mich unmöglich mit etwas abfinden konnte, das ich nicht verstand. Genau dafür möchte ich mich heute entschuldigen. Aber in der Sache selbst bleibe ich standhaft. Wissen ist Verstehen.

Über zehn Jahre habe ich in der Schule Mathematikunterricht gehabt, aber ich kann mich nur an eine Gelegenheit erinnern, in der mir das wirklich etwas genützt hat: Als die Flure und das Treppenhaus meiner Grundschule gestrichen werden sollten, bekam meine Klasse die Aufgabe, auszurechnen, wie viel Farbe dafür benötigt würde. Plötzlich waren die Winkel und Flächen, waren Geometrie und Prozente etwas Konkretes und Nützliches – für einen kurzen Moment waren sie erträglich. So lange, bis die Wände allesamt gestrichen waren und die Mathestunden wieder im abstrakten Nebel verschwanden.

Bei der Arbeit an meinem Außenklo habe ich nun die Möglichkeit, dieses Gefühl von damals zurückzuholen. Meine Gedanken drehen gerne noch mal eine Extrarunde, wenn ich mit rechtwinkligen Dreiecken jongliere, wenn ich im Kopf rechne – und nicht zuletzt, wenn ich das Verhältnis der unterschiedlichen Längen und Höhen berechne, die um mich herum sind.

Und wenn ich nun zu meiner Ausgangsfrage zurückkehre, nämlich wie ich möglichst einfach das Gefälle meines Dachs berechnen kann, dann kommt es natürlich auch darauf an, welche Werkzeuge ich zur Hand habe und welche Einstellung ich zu der Sache habe: Selbstverständlich habe ich einen Zollstock und ein Maßband, ja sogar einen Winkelmesser, und das sind gute Werkzeuge, die ich andauernd benutze und mit denen ich zunehmend vertrauter werde.

Aber ich habe eben auch meinen Körper, und weil ich kein Metermaß habe, kann ich genauso gut meine Arme benutzen. Zu wissen, dass bei ausgestreckten Armen der Abstand zwischen meinen Fingerspitzen 1,5 Meter beträgt, ist nicht nur cool, sondern auch sehr praktisch.

Die Abende am Kamin verbringe ich damit zu lesen. Ich lese Jon Godals Buch *Bruchrechnen mit dem Teufel*. Jon Godal ist Traditionsforscher, bekannt für sein großes Interesse an allem – von alten Booten bis hin zu alten Häusern und dem damit verbundenen Handwerk. In diesem Buch beschreibt er, welchen Stellenwert das Rechnen – die Mathematik – in der Kulturgeschichte und auch in unserem Körper hat. Auch wenn das Ziel der Mathematik ein doppelt unterstrichenes Ergebnis ist, kann dieses nicht nur mit einer Zahl ausgedrückt werden, behauptet er. Unser Ziffernsystem ist auch nicht natürlicher als der Rest unserer Sprache – es ist eine Sprache unter vielen.

Das zu lesen, tut so gut. Genau das brauche ich, um Dinge wirklich zu verstehen: Eine Konkretisierung des Abstrakten. In meiner Dachkonstruktion und den schiefen Klowänden stecken massenweise trigonometrische Funktionen. Aber die muss ich nicht wissen. Das Einzige, was ich wissen muss, ist die 3-4-5-Regel, wie Godal sie nennt.

Dem Ansatz liegt ganz einfach folgende These zugrunde: Ein Dreieck mit Seitenlängen von 3 und 4 und einer Diagonalen von 5 ist ein rechtwinkliges Dreieck. Dabei ist es völlig egal, ob die 3 und die 4 sich auf Zentimeter, Fuß, eine Armlänge oder einen Stock beziehst, den du gerade zufällig zur Hand hast. Wenn die Seiten 3 und 4 Stocklängen betragen und die Diagonale 5 Stöcke lang ist, liegt zwischen den kürzeren Seiten ein rechter Winkel vor.

Dieser Gedanke ist so unendlich viel einleuchtender als Sinus, Cosinus und Tangens, dass ich mir fast ein bisschen veräppelt vorkomme. Was hat sich die Schulbehörde denn dabei gedacht?

Handwerker wenden diese Regel täglich an, unter anderem um in einem Haus vier rechte Winkel herzustellen. Hätte ich das Buch ein bisschen früher gelesen oder, besser noch, wäre in meiner Schulzeit die angewandte Mathematik genauso wichtig gewesen wie die theoretische, wäre ich besser aufgestellt gewesen, um ein rechtwinkliges Außenklo zu bauen.

Am Ende des Tages geht es doch nur darum, den schwierigen, aber nicht minder goldenen Mittelweg zu nehmen. Wir sollten weder Buch noch Stift noch Taschenrechner verdammen. Aber es kann durchaus von Vorteil sein anzuerkennen, dass auch diese Dinge irgendwo ihren Ursprung haben und dass es zum besseren Verständnis führt, wenn wir unseren Körper zu Hilfe nehmen.

Betrachten wir jetzt unser theoretisches Mathematikverständnis und die allgemeine Abwertung praktischer Berufe: Wer schneidet beim Kopfrechnen besser ab? Ein Revisor an seinem Schreibtisch voller Rechenmaschinen oder ein Metallarbeiter, der erst sein Schweißgerät weglegen und die Handschuhe ausziehen muss, um an ein Gerät zu kommen, mit dem er Winkel, Abstände oder Höhen berechnen kann?

Woher wissen wir, welches Wissen wir wirklich brauchen?

Wissen durch Tun. Können wir das besser nutzen? Die Kriminalprävention hat unter anderem das Forschungsprojekt «Die kleinen Schritte zählen – Mehr Wissen über praxisnahes Unterrichten grundlegender Fähigkeiten in der Kriminalprävention» ins Leben gerufen.

In den Gefängnissen gibt es Schulen aller Art – und sie stellen Arbeitsplätze zur Verfügung. In diesem Forschungsprojekt wurde beides einfach verknüpft: In sechs ausgewählten Gefängnissen wurde die Vermittlung grundlegenden Wissens ein Teil der Arbeit. In einem Gefängnis wurde Mathematik mit der Entwicklung eines Werkstücks in der Schreinerei verbunden. Es wurde vermessen, Stundenzettel wurden geführt und Preise für Material und Produkt berechnet. An anderer Stelle wurde ein neuer Unterrichtsraum für die Schreinerei gebaut. Vier Schüler bestanden das Berufsschulexamen in Bautechnik, und das Programm wurde auch nach dem Forschungszeitraum weitergeführt. Andere Gefängnisse verbanden die Weiterbildung mit Autoreparatur, Kochen oder Reinigungsaufgaben.

Den Insassen vermittelte das vor allem eines: das Gefühl, etwas geschafft zu haben. «Wenn du das nicht erreichst, ist alles umsonst», sagt einer der Insassen. Ein anderer drückt es folgendermaßen aus: «Ja, es motiviert, aber außerdem schafft es Bilder im Kopf und Verständnis im Kopf, dann können auch leichter Theorien entstehen. Denn wenn ich kapiere, wozu ich das Wissen gebrauchen kann, bin ich auch motivierter, es zu lernen.»

Motivation. Verständnis. Erfolg. Wenn unsere Gesellschaft eben die praktische Kompetenz zurzeit so dringend braucht, kann man sich fragen, warum es ihr so schwerfällt, sie zu priorisieren.

Im Jahr 2018 gingen 293 287 Studierende in Norwegen den höheren Bildungsweg – das sind 35,3 Prozent aller Norweger:innen zwischen neunzehn und vierundzwanzig. Norwegen im Jahr 2019 ist ein Land, in dem ein Drittel aller erwachsenen Bürger eine universitäre oder eine Hochschulausbildung haben.

Gleichzeitig zeigt die jährliche Kompetenzbedarfsstatistik des Arbeitgeberverbandes, dass bei den Mitgliedsbetrieben nur sieben Prozent des Kompetenzbedarfs auf Promotionsniveau liegt, wohingegen rund die Hälfte innerhalb von fünf Jahren entweder Handwerker, Ingenieure oder andere Arbeiter mit technischer Kompetenz benötigen.

Die Anzahl der Promotionen hat sich in Norwegen seit 1980 versiebenfacht – und das auf einem Arbeitsmarkt, der in naher Zukunft erfordert, dass die Hälfte der Arbeitnehmer:innen einen Meisterbrief hat. Etwas ist hier, gelinde gesagt, ziemlich faul.

Wie sind wir hier gelandet? Bis in die fünfziger Jahre war die Entwicklung der Universitäten von Prognosen gesteuert, wie viele Studenten die Gesellschaft benötigte. Das gestaltete sich schwierig, und um 1960 verlagerte sich die Funktion der Universitäten dahingehend, dass Forschung, Naturwissenschaft, Technologie und Sozialwissenschaft die Grundlagen des Wohlfahrtsstaates werden sollten. Zur gleichen Zeit setzte der erste Studentenboom ein: In nur wenigen Jahren stieg die Zahl der Studierenden um fünfzig Prozent an. Das war kostenintensiv, und die einfachste Lösung war, die teuren Fächer stillzulegen. Beispielsweise wurde Medizin an einigen Universitäten geschlossen, während günstigere Fächer in den Geistes- und Sozialwissenschaften offen gehalten wurden. Wahrscheinlich war man in der Politik der Ansicht, dass sich für diese wenig berufsbezogenen Fächer nicht so viele Interessenten finden würden – aber das war ein Irrtum. Denn die Menschen waren interessiert. Und die Arbeitslosigkeit wuchs.

Bis Ende der neunziger Jahre hielt man in Regierungskreisen dennoch daran fest, dass es besser sei, die Jugend erhielte eine Ausbildung, als sie sei direkt arbeitslos. Schon bald waren einstige Orchideenfächer beliebter als traditionelle berufsbezogene Fächer. Ein abgeschlossenes Studium versprach längst keine Stelle mehr als Lehrer. Die humanistischen Fächer entwickelten sich von ihrer Funktion der Lehrerausbildung hin zu Forschungsfächern.

Heute schwingt das Pendel vielleicht langsam wieder zurück. Das jedenfalls ist der Wunsch der Bildungsinstitute, der Politik und der Arbeits- und Studentenorganisationen, dass Universitäten und Arbeitgeber sich besser miteinander verbinden und die Seminare praktischer ausgerichtet sind.

Aber so, wie die Dinge liegen, werden im Jahr 2035 90 000 Fachkräfte fehlen. Ob die ergriffenen Maßnahmen dafür ausreichen?

Nein. Wir werden die Berufsfächer vermutlich nicht allein damit retten, auch wenn ihre Gewichtung heute die größte seit Jahrzehnten ist.

Natürlich müssen wir im Kleinen beginnen: Die Werksfächer müssen auf die Auszubildenden ausgerichtet sein.

Wir müssen die Vorstellung loswerden, dass Berufsfächer am besten für diejenigen geeignet sind, die nicht still sitzen können, wohingegen die mit guten Noten die Hochschulreife anstreben sollten, wenn wir gleichzeitig dafür sorgen wollen, dass die, die den theoretischen Ansprüchen in der Schule nicht gewachsen sind, trotzdem eine Chance auf dem Arbeitsmarkt bekommen.

Wir müssen neue Technologien integrieren – aber nicht, ohne das Wissen über die Rohstoffe und das grundlegende Handwerk zu bewahren.

Vor allem aber müssen wir allen erlauben, es zu versuchen. Praktisches Verständnis für alle zugänglich machen – sodass die Interessierten weitermachen und eine Berufsrichtung einschlagen können. Eigentlich genau so, wie wir auch im Hinblick auf theoretisches Wissen verfahren. Wenn es gelänge, diese beiden gleichzustellen – wie wertvoll könnte das sein!

Für alle – denn das muss sich natürlich auf alle Geschlechter beziehen. Ebenso wenig, wie eine praktische Ausbildung nur für Menschen mit Legasthenie oder Konzentrationsschwäche in Frage kommen darf, darf sie auf Männer beschränkt sein.

Als Bildungsminister Torbjørn Røe Isaksen im Jahr 2016 Werbung für die Aufteilung des Werkunterrichts in Werken und Kunst machte, fragte ein Journalist der Zeitung *Klassekampen*, ob das nicht dazu führen würde, dass die Jungen Werken und die Mädchen Kunst wählen würden. Der Minister antwortete: «Natürlich besteht die Möglichkeit einer gewissen Geschlechteraufteilung, ich halte es aber für sehr wertvoll, wenn alle frei nach Interesse wählen können.»

Und als die Zeitung *Stavanger Aftenblad* einen Bericht

über Berufsschulfächer und praxisorientierte Ausbildung an den Schulen der Stadt brachte, äußerte sich Direktor Smiodden folgendermaßen: «Als Wahlfach bieten wir Produktion und Dienstleistung an. Die Mädchen dominieren hier. Sie haben Handtaschen und Kosmetikprodukte etc. hergestellt. Wir wollen nun auch eine Abteilung in der Tischlerei nutzen, damit die Jungen mit Holz und Metall arbeiten können.»

Mit Sicherheit meinten die beiden es gut. Aber ein bisschen traurig ist das schon – und ich glaube, sie schießen ziemlich klar am Ziel vorbei.

Oft hört man, das norwegische Schulsystem sei vor allem passend für Mädchen. Und ja, sie haben die besseren Noten und können augenscheinlich besser still sitzen, aber die Mädchen führen auch eine andere, weitaus traurigere Statistik an: Der Gebrauch von Antidepressiva hat sich in der Altersgruppe zwischen fünfzehn und siebzehn in den Jahren zwischen 2008 und 2017 annähernd verdoppelt. Der Anstieg ist eindeutig viel größer als unter Jungs. Jede vierte Teenagerin leidet unter Schlafproblemen, Ängsten und Stress. Auch im Konsum von Beruhigungsmitteln und Antibiotika liegen die Mädchen vorn. Die Wissenschaft kann bisher nicht belegen, warum Mädchen so viel schwerer von den Problemen betroffen sind.

Natürlich weiß ich es genauso wenig. Aber ich kann Spekulationen anstellen, die auf meiner eigenen Erfahrung als Mädchen mit einer spätdiagnostizierten ADHS-ähnlichen Unruhe im Körper beruhen: Dass Mädchen mit ihrer Unruhe nicht hausieren gehen, bedeutet nicht, dass sie nicht vorhanden ist.

Da ich schon immer ein Mensch war, der gerne Stellung bezieht, ist es nicht unbedingt naheliegend, dass auch ich zu den Mädchen gehörte, die brav dasaßen und alles in sich hineinfraßen. Aber es kam eben längst nicht alles raus – der «braves Mädchen-Impuls» funktionierte wie eine Kontrollinstanz, und dann diente die Freizeit dazu, sich Luft zu verschaffen. Als ich älter wurde, kletterte ich nicht mehr auf Bäume, sondern auf Hausdächer, die Spiele im Freien wurden Partyspiele, statt in kleinen Kolken im Fluss badete ich im Fjord, nachts und mit zu viel Promille im Blut.

Die theoretischen Regeln, nach denen ein Chorwerk zu arrangieren war, ja selbst wie das Thema in Bachs Präludium umgekehrt und moduliert war, konnte ich begreifen, aber gleichzeitig zermürbten mich diese Dinge buchstäblich. Warum? Welchen Sinn ergab das? Es brizzelte und kitzelte in Händen, Füßen und Stirn, die Augen wanderten zum Fenster: Da oben am Hügel, bei der Genossenschaft, da gibt es ein schönes Dach, das wird die Herausforderung des Abends.

Wie viele derart gestresste Mädchen drücken schweigend die norwegische Schulbank? Gibt es möglicherweise einen Zusammenhang zwischen unterforderten Mädchen und psychischen Beschwerden? Diese Frage ist zu komplex, kompliziert, groß und wichtig, als dass ich darüber lange spekulieren und erst recht Schlüsse ziehen will. Aber eine Schule, die eine praktischere Alltagsausrichtung hat, ist nicht automatisch eine Schule mit Geschlechtertrennung oder führt nicht zu einem Alltag mit Geschlechtertrennung. Ebenso wie ein breiter aufgestelltes Unterrichtsangebot nicht nur den theorieschwachen, sondern auch den theoriebegabten Schüler:innen hilft, glaube ich, dass eine praktischere Ausrichtung ebenso anregend für Mädchen wie für Jungen ist.

Mädchen habe auch einen Körper, wir haben denselben Bewegungsdrang, denselben Schaffensdrang und denselben Wunsch nach Erfolg und Zufriedenheit, die aus handwerklicher Arbeit entstehen.

Gelungen beim ersten Versuch

Gedanken dieser Art spuken mir durch den Kopf, während ich an meinem Außenklo herumbastle. Und dennoch ist das vorherrschende Gefühl dieser Tage das Erfolgserlebnis. Es macht mir Spaß, ein Dach zu bauen, auch wenn es nicht den Vorschriften entspricht, und ich weiß, dass es halten wird. Die Platten finden ihren Platz, ich bohre und befestige sie mit Deckplattenschrauben mit wasserdichter Gummibeschichtung, kappe einen Beschlag und hämmere ihn so flach, dass ich ihn nach vorn umklappen kann, sodass oben, am höchsten Punkt, kein Wasser drunterlaufen kann.

Auf dem kleinen Stück Boden zwischen Sitz und Tür verlege ich Steine. Es hat eine Weile gedauert, bis mir das klar wurde, aber natürlich verlege ich Steine – hier wimmelt es ja nur so von Steinen. Einige sind sogar schön flach, nicht alle, aber das ist ja auch gar nicht nötig. Mit ein paar großen und ein paar kleinen, einigen runden und einer Hand voll spitzen Steinen verlege ich einen winzig kleinen Fußboden in meinem Außenklöchen. Alle finden ihren Platz, alle sind irgendwie zu gebrauchen, und der Fußboden ist sowohl schick als auch zweckmäßig.

Dann setze ich das Fenster ein. Ich habe einen Rahmen,

das Fenster ist auch alt, noch aus der Zeit vor der Renovierung, mit Einfachglas. Ich setze es ein, befestige es mit
ein paar Keilen im Ausschnitt und schraube es fest. Es sitzt.
Ich baue noch einen Überstand und ein Fensterbrett, und
es ist immer noch früh an Tag zwei.

Zeit, die Tür einzusetzen. Ich nehme die alte Kellertür,
sie ist ziemlich groß und schwer. Der Rahmen, der sie einst
hielt, ist völlig verrottet, und der Keller ist ohnehin nicht
zu gebrauchen, mit dem ganzen Schrott, der dort herum-
steht. Also kann ich auch, während ich auf Inspiration zum
Aufräumen warte, die Tür anderweitig verwenden. Ich habe
neue Scharniere besorgt, die eine Seite befestige ich am
Türrahmen, die andere am Blatt, dann stemme ich sie mit
ihrem ganzen Gewicht nach oben und lasse sie ins Schar-
nier rutschen. Es klappt beim ersten Versuch. Das wollte
ich nur mal sagen.

KAPITEL 4

In dem ich Baumaterial im Moor sammle und eine Wand flechte

Ich bin verliebt. Frisch verliebt. In gewobene Wacholderzweige.

Die Idee kam mir, als ich mit dem Projekt Außenklo begann: Ob es wohl möglich war, die Wände mit Wacholderzweigen zu verkleiden? In den Mooren rund um die Hütte gibt es ja genug davon, und es erfordert auch keine so wahnsinnig elaborierte handwerkliche Technik, sie an die Wand zu bekommen. Diese Technik ist historisch, wenn auch nicht unbedingt in der Gegend, wohl aber in derselben Klimazone beheimatet. Ich konnte schon verschiedentlich riesige Scheunenwände bewundern, die mit diesem lokal produzierten Webstoff verkleidet waren. Vor allem im Nord-Hordaland kommen sie häufig vor. Mir ist klar, dass in so einer Wand eine Menge Arbeit steckt, Arbeit, die sicher von Heerscharen von Freiwilligen erledigt werden musste. Aber meine Wände haben ja einen deutlich kleineren Maßstab. Sie sind ungefähr 1,5 Meter breit und 2 Meter hoch, und dann sind da ja auch noch die Aussparungen für Fenster und Tür, und hinten, wo die Fäkalien landen, ist eine Platte, die man abschrauben kann (für den Fall, dass man die Toilette einmal leeren muss).

Genau genommen habe ich diese Wacholderwände bisher nur aus der Ferne betrachtet. Also habe ich mir ein Buch angeschafft. *Dacheindeckung und Verkleidung mit Materialien aus Wald und Wiese: Über das alte Materialverständnis*, geschrieben von ebenjenem Jon Godal, der mir auch schon die praktische Mathematik vermittelt hat. Zwölf Seiten des Buches widmen sich einer knappen Einführung ins Wacholderflechthandwerk.

Ob das ausreicht? Godal hat wirklich viel anzubieten, manchmal kommt er fast einem atheistischen Hausgott nahe, aber ich muss mich in Acht nehmen, dass ich ihm nicht zu genau zuhöre – er stellt sehr viele Regeln auf, und vieles hört sich schwierig an. Ich muss aufhören zu lesen, wenn ich inspiriert bin. Nicht weitermachen und mich verschrecken lassen.

Aber im Fall der Wacholderverkleidung bin ich doch aufgeregt. Zum ersten Mal steht mir der perfekte Rohstoff zur Verfügung. Wacholder aus dem Moor. Laut Godal wächst er in langen Stängeln, die ich aus dem Moor ziehen, mit der Astschere (ja, ich habe eine!) zurechtschneiden und dann recht unkompliziert in meine Wand flechten kann. Angeblich ist die Technik zwar zeitaufwendig, aber darüber hinaus nicht sonderlich schwierig.

Zunächst muss ich wie beim Weben an der Wand eine Art Kette aus runden, entrindeten Ästen anlegen. Der Abstand dazwischen beträgt ungefähr sechs bis acht Zoll. Dann werden die Wacholderzweige über den ersten Ast, unter den zweiten und über den dritten geführt. Die Zweige sollen dicht an dicht liegen. In den Ecken muss ich besonders aufpassen, um sie ausreichend auszufüllen, muss besonders darauf achten, dass die Zweige, die ich dort einflechte, ausreichend viele Nadeln haben. Ich soll Zweige auswählen, die «eine gewisse Steifheit und dicke Büschel» haben, schreibt Godal, nicht ohne ein Augenzwinkern.

Bevor ich anfangen kann zu weben, muss ich also eine Kette herstellen. Ich werde dafür Fichtenholz nehmen, denn davon steht mir wie gesagt viel zur Verfügung. Mir kommt die Idee, dass ich dafür die Äste verwenden kann. Rund um die Hütte türmen sich drei riesige Haufen mit Ästen auf, alle drei inzwischen so hoch, dass ich Schwierigkeiten habe, noch mehr obendrauf zu stapeln. Trotz der Hoffnung, dass sie im Winter durch das Gewicht des Schnees ein bisschen runtersacken, ist doch jeder Ast, den ich nicht hinaufwuchten muss, eine Erleichterung.

Also verbringe ich einen Vormittag damit, ausreichend Äste zu entrinden und zu glätten, um ein Gerüst für meine erste Wand aufzuketten – nämlich die ohne Tür oder Fenster oder Platte. Ein paar Knicke in den Ästen sind in Ordnung, denke ich, aber nur so viel, dass Schrauben und Bohrer sie gerade biegen können.

Ich werde schnell eines Besseren belehrt. Die Äste erweisen sich nämlich als derartig hart, dass ich keine einzige Schraube hindurchbekomme. Hätte ich ein bisschen nachgedacht, wäre ich vielleicht auch vorher drauf gekommen. Ich weiß ja eigentlich, dass die Äste, die vom Stamm abgehen, oft härter sind als das Holz selbst. Aber ich hätte nicht erwartet, dass der gesamte Ast so hart ist. Nun weiß ich auch das. Und mir bleibt nichts anderes übrig, als zu fluchen und von vorn zu beginnen.

Glücklicherweise fehlt es mir nicht an Werkstoff. Ich habe hier Fichten in allen Größen, und genug von ihnen

haben Äste mit der richtigen Kettendicke. Der ganze Nachmittag geht dafür drauf – was mich wahnsinnig ärgert. Aber
ich muss mich selbst daran erinnern, dass ich das hier zum
ersten Mal mache und nicht erwarten kann, dass immer
alles nach Plan läuft.

Irgendwann steht das Gerüst aus Ästen, und ich kann
endlich anfangen, Wacholder zu schneiden.

Ich habe ja schon so gut wie verraten, wie es dann weiter-
ging: Das Buch funktionierte. Die Technik funktionierte.
Ich funktionierte. Anfangs noch ein bisschen holprig, natürlich, denn ich wusste ja nicht, was einen guten und was
einen schlechten Zweig ausmacht, aber ich begriff doch
schnell, dass ich das herausfinden würde. Mit der Zeit.

Denn ich habe wahrhaftig ausreichend Zeit und Möglichkeit, mich zu verbessern. Ich webe. Höre Radio. Webe
weiter. Jeder einzelne Wacholderzweig muss aufgehoben,
angeschaut werden, dann muss ich schauen, wie weit ich
gekommen bin, und entscheiden, ob er brauchbar ist. Falls
ja, muss ich höchstwahrscheinlich ein paar Ästchen abkni-
cken oder -hauen, um einen Zweig zu erhalten, der eine
«gewisse Steifheit» hat und den ich dann an seinen Platz in
der Wand schieben und ziehen kann.

Ich merke, dass es eine schwere Arbeit ist, aber nicht so
schwer, dass ich nicht lange weitermachen könnte.

Und, kaum zu glauben, sie ist auch abwechslungsreich.
Ich trage die Wacholderzweige aus dem Moor mit einem
Seil auf dem Rücken zu meinem Außenklo. Dafür lege
ich das Seil doppelt auf dem Boden aus, werfe die Zweige
darauf, ziehe das Seil zusammen und schwinge mir das
Bündel auf den Buckel. Das Bündel, das ich tragen kann,

ist ungefähr so schwer, dass meine Arme beginnen, müde zu werden, wenn ich die Zweige abgeladen habe. Aber dann können sich die Arme ja eine Weile ausruhen. Jetzt sind die Beine dran, mich wieder ins Moor zu tragen, ich habe die Astschere dabei. Schneiden ist leichter. Mein Außenklo steht im Wald. Dort ist es gut geschützt, wenn es draußen im Moor windig, kalt und nass ist, aber dunkel, wenn die Sonne scheint. Mit den abwechselnden Arbeiten bekomme ich von allem etwas.

Ich bin produktiv, und ich bin in Bewegung. Zielgerichtete Bewegung. Ist das ein Luxus im Jahr 2020 in Norwegen? Oder tut es weh? Ja, ich spüre im ganzen Körper, dass ich eine Weile gearbeitet habe, dass ich Bewegungen gemacht habe, die ich nicht gewohnt bin. Ich merke es im Rücken, den Schultern und Füßen – in den Unterarmen, Muskeln und Sehnen. Schleicht sich da eine Sehnenentzündung an? Muss ich mir Sorgen machen, oder ist es einfach nur der Schmerz, der mich buchstäblich stärker macht? Ist zwangsläufig etwas falsch daran, zu fühlen, dass man seinen Körper benutzt?

Der Mensch ist gemacht, um sich zu bewegen

An einem Sträßchen in Trondheim findet sich Norwegens unheimlichstes Graffito: *1 von 2 Norwegern geht weniger als 500 Meter am Tag* steht am Fußweg oberhalb des Bahnhofs, genehmigt und umgesetzt von den öffentlichen Behörden. Ich traue meinen Augen nicht. Kann das wirklich stimmen?

Ja, kann es. Die Zahl stammt aus einer Studie des Statistischen Zentralbüros SSB zu Reisegewohnheiten. Daraus geht hervor, dass siebenundvierzig Prozent aller Norweger weniger als einen halben Kilometer am Tag zu Fuß zurücklegen. Der Weg hin und zurück zum Auto inklusive. Und denkt man mal drüber nach, versteht man auch wieso: Das Auto steht direkt vor der Haustür, wir fahren direkt zum Kindergarten, stellen es im Parkhaus am Büro oder am Laden wieder ab (vielleicht bekommen wir sogar unser Mittagessen geliefert?) und fahren dann weiter zu unseren Nachmittagsaktivitäten – und schon ist der Tag vorbei. Aber wollten wir so werden?

So sind wir jedenfalls nicht gebaut. «Der Mensch ist gemacht, um sich zu bewegen», steht im Vorwort des 2008 erschienen Aktivitätshandbuchs des Gesundheitsdirektorats. Was aber früher durch «Alltagsverrichtungen» von selbst passierte, ist heute Mangelware, die mit Mangelerscheinungen wie beispielsweise Diabetes oder Übergewicht einhergeht.

Laut Definition des Gesundheitsdirektorats wird «Arbeit» als physische Aktivität gewertet. Darüber hinaus wird festgestellt, dass auch gelegentliches Training und sportliche Betätigung in der Freizeit den Verlust von Bewegung, die wir einst durch «physische Aktivität im Alltag» hatten, nicht ausgleicht.

Wir müssen unseren Körper mehr benutzen. In unserer Freizeit können wir ihn nicht so viel bewegen, wie nötig wäre. Trotzdem schlägt das Gesundheitsdirektorat keine einzige Aktivitätsmaßnahme vor, die Arbeit beinhaltet – weder in dem umfangreichen und professionell ausgerichteten Handbuch noch in den Leitfäden und Ratschlägen für die Bevölkerung.

Was die Behörden hingegen sehr genau wissen, ist, wie

viel zu wenig wir uns bewegen und welche gesundheitlichen Folgen das hat. Zwischen dreißig und fünfzig Prozent von uns schaffen es nicht, auch nur eine halbe Stunde pro Tag moderater körperlicher Aktivität zu widmen.

Würden wir alle diese winzige Leistung vollbringen, wäre das nicht nur für jeden Einzelnen von uns von Vorteil. Es würde auch dem Staat laut eigener Aussage 239 Milliarden Kronen jährlich ersparen. Im Vergleich sind das ein paar Kronen mehr als die Öleinnahmen, die 2018 in die Staatskasse flossen.

Selbst wenn wir also mehr Sport machen würden, wären wir nicht aktiv genug, um den Verfall zu verhindern. Dennoch machen Regierungen und Fachleute weiter, ohne eine einzige Maßnahme vorzuschlagen, die körperliche Arbeit beinhaltet. In ihrer Bibliothek zum Thema «körperliche Betätigung» findet sich Qigong, Rudern und Wassergymnastik. Alltägliche Verrichtungen wie Schneeschieben, Beerenpflücken oder Brotbacken werden hingegen nicht erwähnt.

Dafür gibt es einen klaren Grund. Laut Gesundheitsdirektorat besteht nämlich ein Unterschied zwischen Stillsitzen und mangelnder körperlicher Betätigung: «Die Maßnahmen zur Reduzierung des Sitzens unterscheiden sich von den Maßnahmen, das Aktivitätsniveau im Hinblick auf empfohlene körperliche Betätigung moderat zu steigern.» Staubsaugen bringt uns nicht unbedingt so sehr ins Schwitzen, dass es gegen die gesundheitlichen Beschwerden helfen würde, die wir durch mangelnde Bewegung erleiden. So denkt ein wahrer Gesundheitsbürokrat.

Doch das Gesundheitsdirektorat ist nicht die einzige Behörde, die Arbeit für unseren Bewegungsdrang ausschließt. Ich habe «wie wirkt sich physische Arbeit auf den Körper aus» gegoogelt, und die Antworten, die ich erhielt, lauteten: «So wirkt Sport auf deinen Körper» (VG), «Herz, Blutgefäße und Sport» (Norwegische Gesundheitsinformation) und «Krankheiten, die durch Sport bekämpft werden können» (*Dagbladet*).

Im Großen und Ganzen stimmen die Medien, das Direktorat und die Forschung überein: Bewegung im Jahr 2020 ist Sport.

Ein weiterer Grund dafür, dass wir Arbeit nicht als Aktivität wahrnehmen, ist wohl, dass wir sie als schädlich ansehen. Sicher gab es eine Zeit, als der Alltag uns mehr Aktivität abforderte, als dem Körper guttat. Aber bedeutet das, dass körperliche Arbeit an sich schädlich ist?

Laut Stein Knardal vom Staatlichen Institut für Arbeitsbedingungen können die Beschwerden, die wir nach dem Sport als unproblematisch oder positiv wahrnehmen, dieselben sein, die uns auch nach der Arbeit plagen.

Wir wissen, dass Sport gut für uns ist. Mit hoher Wahrscheinlichkeit erleben wir dadurch also einen gewissen Placeboeffekt. Und je teurer der Placebo, umso größer der Effekt, sagt Knardal. Ein teures Fitnessstudio kann also besonders gut gegen einen schmerzenden Rücken wirken.

Was aber ist mit dem Gegenteil des Placebos – dem Nocebo? Als Nocebo bezeichnet man eingebildete negative Auswirkungen in der Folge von negativen Erwartungen. Das bekannteste Beispiel dafür sind Nebenwirkungen von Medikamenten. Können aber Schmerzen von körperlicher Arbeit auch ein Nocebo sein?

Wir haben beispielsweise gelernt, es zu vermeiden, schwer zu heben. Vor allem oft hintereinander. Das ist nicht gut für den Rücken. Die Wissenschaft aber sieht diesen Zusammenhang zwischen Heben und Rückenschmerzen nicht notwendigerweise. Wohl aber hat man erkannt, dass Arbeitnehmer, die unzufrieden mit ihrer Arbeit sind, mehr körperliche Beschwerden haben, als die, die mit ihrer Arbeitssituation zufrieden sind.

Vielfalt stärkt

Keinesfalls will ich bestreiten, dass schwere monotone Arbeit ungünstig für den Körper ist. Wir sind doch trotz allem immer noch Generalisten, auch wenn wir arbeiten: dafür gemacht, von allem ein bisschen zu tun. Vielleicht liegt darin der Schlüssel?

Denn wie viel schaffen wir eigentlich, wenn alles optimal läuft? Also auch diejenigen unter uns, die keine Hochleistungssportler sind, sondern sich einfach bewegen, weil die Konsequenzen der Bewegung für sie von Bedeutung sind? Wie hart kann unser Körper arbeiten, wie hart sollte er arbeiten? Liegt die Wahrheit vielleicht in dem alten Sprichwort «In der Arbeit Wechsel liegt die Erholung»?

Was können wir schaffen, und was müssen wir tun, damit uns die Anstrengung nicht krank macht, sondern wir, ganz im Gegenteil, Freude daran finden, uns anzustrengen? Einen Menschen gibt es, dem ich diese Frage geradeheraus stellen kann. Und das ist eine Frau, die schon seit vielen Jahren mein Vorbild ist: Tausendsassa Bente Getz, Bäuerin auf dem Guleiksgård in Samager im Hordaland.

Bente ist die Einzige, die es geschafft hat, einen Sauermilchkäse der Sorte Gammelost herzustellen, der mir schmeckt. Sie war eine der Ersten in Norwegen, die Käse aus Schafsmilch hergestellt hat. Bente betreibt einen Bauernhof mit Milchkühen, Milchschafen, Käserei, Übernachtungsmöglichkeit, Direktverkauf, Gemüse- und Kräutergarten und Pfauen zu Dekorationszwecken – und all das, ohne Zufahrt im Winter.

Bente investiert – aber nicht Millionen von Kronen in teure Gebäude und noch teurere Kredite. Bente investiert in sich selbst. Sie investiert in den familieneigenen Hof und das, was sie eigenständig – mit ihrem Körper, ihrer Entschlossenheit, ihrer Lernfähigkeit – erwirtschaften kann.

Das bedeutet lange, lange Arbeitstage. Geht das, ohne sich vollkommen zu verausgaben?

Ich stelle mich der Herausforderung, Bente einen ganzen Sommertag lang zu begleiten. Der beginnt zeitig: Wir treffen uns um fünf Uhr morgens in der Backstube.

Der Teig, den wir am Vorabend angesetzt haben, muss gebacken, Brötchen müssen gerollt und Käsekuchen geformt werden. Für die Brötchen verwendet Bente eine besondere Milch und für den Käsekuchen und die Pizzaschnecken einen speziellen Käse. An Wochentagen verkauft sie ihr Gebäck im «Laga», einem Laden, den sie mit ein paar anderen Kleinunternehmer:innen im Kommunalzentrum betreibt. An den Wochenenden reist sie mit Gebäck und Kuchen, mit reifem Schnittkäse und Speckwürstchen auf Märkte und Festivals – nebenbei.

Diese Dinge herzustellen, hat Bente erst als Erwachsene gelernt. Und dafür, dass sie sich getraut hat, bewundere ich sie sehr. Denn es war nicht von vornherein klar, dass sie ein Tausendsassa werden würde. Im Gegenteil. Früher einmal baute sie die Marketingabteilung des Oslo Plaza auf. Aber das war ihr auf lange Sicht zu eintönig. Bente musste hinaus in die Welt. Sie reiste hierhin und dorthin, ehe sie schließlich in Israel landete – mit Mann und Kindern.

Dort blieb sie, bis es an der Zeit war, nach Hause zu kommen. Zum Guleiksgård, dem Hof ihres Großvaters, der verlassen war und leer stand. Die Felder waren verpachtet. Aber Bente zog es zu ihren Wurzeln. Sie wollte dorthin zurück. Und um das zu schaffen, brauchte sie ihren Körper.

Inzwischen ist es kurz nach sechs Uhr, und wir sind auf dem Weg in den Stall. Hier wohnen vier Kühe und sechs Milchschafe. Die Kühe werden mit der Melkmaschine gemolken, die Schafe von Hand. Futter muss hereingetragen werden und der Mist hinaus. Aber die Tiere sind die Grundlage für das Einkommen und das Leben auf dem Hof, und es ist nicht schwer zu erkennen, dass sie Bente viel bedeuten. Der Stall wurde gerade so weit modernisiert wie nötig – will sagen: kaum. Die kleinen Jerseykühe passen in die alten Verschläge. Jeden Tag kommen sie an die frische Luft und können sich die Beine vertreten, falls Wind und Wetter es zulassen.

«Im Dorf haben sie mich ausgelacht, als ich sagte, dass ich von vier Kühen und sechs Schafen würde leben wollen. Heute lachen nicht mehr so viele. Ich habe wenig, aber ich mache viel daraus», erzählt Bente hinter einem Kuhhintern hervor.

Ein Teil der Herausforderung ist dennoch, einzusehen, dass sie nicht alles alleine machen kann. Das Schwierigste hat sie abgegeben: die Buchführung. Das Zweitschwierigste ist die Futterernte. Inzwischen kauft sie ihr Raufutter von den Nachbarn und lässt ihre Tiere, statt zu mähen, auf ihren Weiden grasen.

«Den Rest bekomme ich irgendwie hin, solange ich gesund bleibe», erzählt sie.

Nach dem Stall geht es zurück in die Backstube, um eine letzte Runde Gebäck in den Ofen zu schieben. Die Milch muss verwendet werden, solange sie noch frisch ist. Sie wird zu Frischkäse für die zukünftigen Käsekuchen verarbeitet.

Dann folgt ein kalorienreiches Frühstück – immerhin sind wir seit vier Stunden auf den Beinen. Nach dem Frühstück ist es an der Zeit, das Auto zu beladen und die Waren in den Laden zu fahren. Während der Fahrt können wir in Ruhe ein paar Worte wechseln.

«Als ich anfing, hatte ich wenig Ahnung. Aber ich habe mich nie davor gefürchtet, etwas Neues in Angriff zu nehmen. Auch nicht davor aufzugeben. Hätte es nicht geklappt, dann hätte ich wieder aufgehört», sagt Bente.

Am Nachmittag ist etwas Zeit für anfallende Aufgaben. Vielleicht ein paar Kräuter zum Trocknen pflücken, vielleicht die Zäune kontrollieren, etwas im Gemüsegarten ernten, die Scheune aufräumen, den Pfau hinter den Ohren kraulen, Übernachtungsgäste empfangen oder auch etwas ganz anderes. In jedem Fall müssen wir bald zurück zur Backstube. Der Teig für morgen muss angesetzt werden, ehe die Tiere für die Nacht versorgt werden. Die Kühe stehen schon am Zaun und warten. Der Abend kommt, und gegen neun Uhr sind wir bereit für das letzte Ritual des Tages: Abendessen und ein Glas Wein.

«Natürlich ist es anstrengend. Körperlich anstrengend. Die langen Sommerarbeitstage machen sich in den Knochen bemerkbar. Aber da die Arbeit abwechslungsreich ist, da ich nicht den ganzen Tag dasselbe mache, geht das alles», erzählt eine entspannte, erschöpfte, aber immer noch gut gelaunte Bente.

Und dann ist es auch irgendwie schön, wenn der Winter kommt und sie sich guten Gewissens einschneien lassen und vor dem Fernseher sitzen kann. Vier bis fünf Monate pro Jahr vergehen mit dieser Art Energiesparen.

Trotzdem ist Bente, vorsichtig ausgedrückt, ein Feuerwerk. Nicht alle können so leben wie sie. Allein den festen Glauben, dass alles irgendwie gut wird, gönnen sich nur wenige. Aber sie ist inspirierend. Ja, das ist sie ganz automatisch. Und das, ohne eine einzige Kalorie zu verbrennen. Beinahe.

War früher alles besser?

Von außen sieht meine frisch geflochtene Wacholderwand grün und schön aus und trotzdem dick und massiv. An einer kleinen Wand wie dieser wirkt das natürlich ungewöhnlicher als an einer großen Scheunenwand. Aber mit der Zeit, wenn der Wand buchstäblich die Luft ausgeht, wird sie zusammenschrumpfen. Und wenn dann alles läuft, wie es im Buch steht, wird das Grün zunächst orangefarben werden, dann irgendwann grau, und zum Schluss wird eine satte Schicht Moos über das Ganze wachsen.

Die große Überraschung folgt, als ich die Wand von innen betrachte. An die Innenseite habe ich ehrlich gesagt kaum einen Gedanken verschwendet – bis jetzt war eine Toilette für mich kein Ort, an dem man sich lange aufhält und über die Umgebung sinniert. Aber, hol mich der Teufel, wie schön sieht das aus, mit diesen ineinandergeflochtenen Ästen! Die Dornen und Nadeln sind an der Innenseite verborgen, man sieht nur das Holz. Vielleicht sitzt man ja später wie in einem Flechtkorb. Die Wand muss bald fertig werden. Schnell.

Denn ja. Die langsame Arbeit ist eine Herausforderung für mich. Es ist, als wäre ich zwei Personen mit widerstreitenden Interessen: eine, die Wacholder erntet und möglichst schnell zurück zu ihrer Wand kommen will. Ihr fällt es leicht zu denken: «Okay, vielleicht ist dieser Stängel nicht perfekt, aber irgendwo wird er schon passen», und dann auch die Äste mitzunehmen, die einen viel zu kleines Büschel am Ende haben, viel zu steif sind oder zu viele Zweige haben, einfach nur weil sie gerade vor ihrer Nase sind und sie auf diese Weise ihr Bündel vollbekommt, ohne dafür viel Zeit aufwenden zu müssen. Das wiederum regt die andere auf, die ein paar Minuten später ihre Arbeit an der Wand aufnimmt und Ast um Ast aus dem Bündel zieht, der entweder unbrauchbar ist oder langwierige und anstrengende Bearbeitung erfordert, ehe sie ihn verweben kann.

Wenn die beiden nicht gerade im Clinch miteinander liegen, schieben sie sich immer noch zum selben Ziel: die Wand fertigzustellen. Noch ein Ast. Noch eine Kette. Draußen im Moor – noch ein Bündel Wacholderäste. Weben. Ecke. Es dauert. In der Mitte der Kette läuft es dann plötzlich. Mit einem Mal habe ich schon über die Hälfte geschafft. Das Bündel ist leer. Ich fülle es erneut. Es beginnt zu regnen. Es hört wieder auf. Nachrichten im Radio – wo ist die Zeit geblieben? Ich mache eine Pause. Ich schaue auf die Uhr und sehe mich um – es müssen viele Nachrichtensendungen gelaufen sein, seit ich die letzte gehört habe.

Während ich zurück zur Hütte jogge, um meine Sachen zu packen, fällt mir auf, dass ich seit gestern meine E-Mails nicht gecheckt habe. Das kommt nicht häufig vor, so spät am Nachmittag. Nicht einmal meine Facebookabhängigkeit, die ansonsten ziemlich ausgeprägt ist, war stärker als der Drang, die schönste Wand, die ich je gebaut habe, fertigzustellen. An diesem Tag wird sie nicht mehr fertig. Leider ist unsere Gesellschaft so strukturiert, dass ich für meine Arbeit an der Wand keinen Stundenlohn berechnen kann, also muss ich mein Geld mit anderen Aufgaben verdienen.

Denn auch wenn mein Instagramaccount einen anderen Eindruck vermittelt, bin ich doch in erster Linie eine Schreiberin, halte Vorträge und trete gelegentlich als Gesellschaftskritikerin in Erscheinung. Ich verdiene mein Geld mit dem Schreiben von Kommentaren, Reportagen, Kolumnen und Büchern. Und damit, vor anderen darüber zu sprechen. Ich schreibe darüber, wo unser Essen herkommt, über Grundnahrungsmittel, Küstenkultur, Machtstrukturen in der Lebensmittelbranche, und ich schreibe Kommentare zu aktuellen Nachrichten. Das ist eine wichtige und spannende und gute Tätigkeit. Es gefällt mir, Teil der öffentlichen Meinung zu sein und eine Stimme zu haben. Da man aber so viel bessere Bilder vom Holzhacken und vom Wandflechten machen kann als von jemandem, der vor einem alten Mac sitzt, poste ich am liebsten Bilder von Tagen wie heute. Das hat dazu geführt, dass mich Follower, die ich sonst nicht so häufig sehe, mit den Worten «Soso, du bist jetzt also in eine Hütte im Wald gezogen» begrüßen, wenn ich ihnen dann mal begegne.

So weit ist es aber noch nicht, und selbst wenn ich manchmal Lust dazu verspüre, bin ich am Ende des Tages doch froh, ein Zuhause mit fließend Wasser und Strom zu haben. Ich schaue gerne Serien und am liebsten die Neun-Uhr-Nachrichten im Fernsehen.

Ich brauche beides. Und ich bin nicht schlecht darin, das Vergnügen hinter die Arbeit zu stellen. Darum nehme ich es mit meinen Arbeitszeiten nicht so genau. In manchen Monaten (so wie jetzt) arbeite ich deutlich mehr als Vollzeit, in anderen deutlich weniger. Meine freie Zeit widme ich dem Teil von mir, der beim Schreiben keinen Ausdruck findet. Das macht sowohl mich als auch meine Arbeit besser. Ich habe nicht einmal den Anflug eines schlechten Gewissens, wenn ich an einem Mittwochvormittag Pilze sammeln gehe, ein Lamm zerlege, das ich von einem mir bekannten Bauern im Ganzen gekauft habe, oder eine Fichte an meiner Hütte fälle. Ein wenig Luxus muss man sich gönnen, und dies ist meiner. Außerdem deutlich umweltfreundlicher als lange Wochenenden in Prag oder andauernd ein neues technisches Spielzeug – glaube ich zumindest.

Darum kehre ich bald wieder zu meiner Toilettenwand zurück, obwohl ich keine einzige Krone daran verdiene. Sie wird fertig werden, denn die Wacholderzweige haben sich nicht verändert, seit es Flechtwände gibt.

Mit der Zeit habe ich das eine oder andere über Wacholder gelernt. Nicht zuletzt, dass man zu wenig davon haben kann. Mitten in einem Moor, einige Kilometer von Menschen, Stromleitungen und einem Rathaus entfernt, das aus Beton und Stahlplatten gebaut ist und voll mit Bücherregalen steht, die gefüllt sind mit verschiedenen Ausgaben von Planungs- und Baugesetzen, habe ich eine Ressource gefunden. Wahrscheinlich die perfekte Ressource für genau meinen Bedarf.

Nicht dass ich erwarten würde, 238 Kronen pro Stunde für meine Entdeckung oder für die Arbeit, die ich gemacht habe, bezahlt zu bekommen.

Aber ich bin der Ansicht, dass eine Gesellschaft Platz haben muss für solche Ressourcen, solche Entdeckungen, solche Arbeit. Ohne ironische Distanz, ohne romantische Nostalgie, sondern allein, weil es für diesen Zweck die beste praktische Lösung ist. Und weil es mir guttut und offensichtlich niemand anderem direkt schadet.

Es ärgert mich, nicht sagen zu können, dass diese Erfahrung für mich mindestens ebenso wertvoll ist, wie in bar bezahlte Überstunden, ohne mich damit gleich ins gesellschaftliche Aus zu manövrieren. Ich glaube, es geht vielen ähnlich wie mir. Ich glaube, viele von uns haben etwas Altes, das sie gerne bewahren wollen. Techniken, die wir gerne beherrschen wollen, Wände, die wir bauen wollen.

Könnte es uns nicht guttun, die Angst vor Nostalgie einen Moment beiseitezulassen und einfach nur darüber nachzudenken, was die Generationen vor uns geschaffen haben? Man denke nur an die riesigen mit Flechtwerk verkleideten Scheunen, mit ihren Holzständern, die mit der Axt und Säge zurechtgeschnitten und auf Ziegelsteine gesetzt wurden. Man denke, dass dieselben Hände später ein Loch in der Hose stopften, die Wiese mit der Sense mähten und Körbe flochten, die sie dazu verwendeten, den Mist hinauszutragen. Was wir alles konnten!

Wenn ich so etwas schreibe, bekomme ich oft zu hören, ich solle mich vor Nostalgie hüten. Solle die Schufterei nicht romantisieren, um nicht mit jenen in einer Schublade zu landen, die der Ansicht sind, früher sei alles besser gewesen. In dieser Schublade möchte man nicht landen, wenn man im öffentlichen Diskurs ernst genommen werden will, das kann ich auf eine Art verstehen. Was war, ist vorbei, wir sind weitergegangen, nichts kann man jemals wiederholen. Und zu glauben, man könnte irgendein Problem lösen, indem man in die Vergangenheit zurückkehrt, ist bestenfalls naiv.

Trotzdem: Auch wenn früher nicht alles besser war, waren die Menschen zumindest in manchen Dingen besser als heute. Einiges davon können wir auch heute noch gebrauchen. Und man sollte keine Angst haben, darüber zu sprechen, oder?

Ich für meinen Teil sehe überall alte Helden. Sie sind namenlos, aber sie sind da – häufig als Teil der Landschaft. Zum ersten Mal habe ich das im Gebirge zwischen Aurland in Sogn und Hallingdal bemerkt. Während eines Ausflugs am Vormittag waren sie plötzlich da: Überall um mich herum sah ich alten Schweiß, alte Erschöpfung, alte Arbeit und alten verfallenen Stolz.

Direkt unterhalb meines Standorts, im Tunnel durch den Berg, verlief die alte Landstraße 50 von Hol nach Aurland. Da unten beschwerten sich Auto-, Bus- und Motorradfahrer über schmale Straßen, entgegenkommenden Verkehr und dunkle Tunnelröhren. Vor mir erstreckte sich der Fußweg, und er war steil. Auf der einen Seite führte er geradewegs hinauf ins Gebirge, und auf der anderen ging es 700 Meter hinunter nach Låvisberget und zum Vassbygdivatnet, kurvenreich und ganz ohne weißen Randstreifen. Niemand macht sich Gedanken über diesen Weg, der auch eine Form von Straße ist und nicht nur zur Freizeitgestaltung dient. Auch ich nicht. Der Anstieg und die Schwierigkeit waren für mich ein Teil des Spaßes, ein Trainingsfaktor und eine Ferienerinnerung.

Aber gerade dieser Weg ist noch viel mehr als das. Er war einst einer Hauptstraße, das wurde mir klar, während ich dort ging. Früher einmal war der Weg über das Grindsfjellet eine Hauptverbindungsroute zwischen Ost- und Westnorwegen.

Heute ist diese Gegend hauptsächlich ein Ort für Familienausflüge – das Aurlandsdalen, das nur wenige Kilometer nordöstlich von hier verläuft, ist eine der beliebtesten Wanderregionen Norwegens. Ich kann dort hinunterschauen. Man startet an der Touristenhütte in Østerbø, und vielleicht erfährt man, dass sie eine der ältesten im ganzen Land ist, mit einer Geschichte, die bis ins 17. Jahrhundert zurückreicht. Die Kulturgeschichte ist für viele ein wichtiger Grund, diese Route zu wählen (neben der Tatsache, dass der Weg über weite Strecken bergab verläuft). Da geht man an den alten Höfen Viki und Nesbø vorbei, erhascht durchs Dickicht einen Blick auf Berekvam und Teigen, ehe man am majestätischen Sinjarheim eine ausgedehnte Pause einlegt.

Heute ist dieser Weg beinahe vollständig von Gebüsch und kleinen Bäumen überwachsen, die niemand zu nutzen weiß. Aber früher einmal war dies das Herzstück der Gegend. Vangen, das heutige Zentrum, war bis zur Mitte des 19. Jahrhunderts nicht mehr als eine Ansammlung von ein paar torfgedeckten Häusern um eine Kirche herum. Die wichtigen Ressourcen waren auf den Gebirgshöfen zu finden: Hier gab es ausreichend Weidegrund, wo sowohl die Haustiere als auch die Rentiere genug Futter fanden.

Im Jahr 1835 erreichte das Aurlandsdalen seine höchste Einwohnerzahl. In jenem Jahr wohnten in der Gegend zwischen Almen unten im Tal, über Stondalen und Bergsdalen bis Østerbø 103 Menschen.

Im Jahr 1846 wurden auf den Höfen 157 Schafe und 146 Stück Großvieh geboren. Die Arbeitspferde kamen noch dazu.

Es ist schwierig, sich das alles vorzustellen. Als die Höfe noch bewirtschaftet wurden, kämpfte man um die grünen Ressourcen, die uns heute überall umgeben. Die Weiden waren – und sind bis heute – unter den besten im ganzen Westen. Jeden Herbst werden 15 000 bis 20 000 Kühe aus diesen Höhen ins Tal getrieben, nachdem sie sich einen ganzen Sommer lang an dieser Vegetation satt gefressen haben. Die Viehtreiber brachten über tausend Kühe über das Gebirge hinunter zu den Märkten im Osten.

Welche Kräfte hier wirklich vonnöten waren, davon kann man sich ein Bild machen, wenn man in die Hütte am Sinjarheim geht. Dort hängt eine Fotografie, die unter anderem das letzte Arbeitspferd des Hofes zeigt. Es ist ein Fjordpferd, angeblich ziemlich klein für seine Rasse, aber das tat seiner Stärke offenbar keinen Abbruch. Der Unterschied zwischen diesem Fjordferd und dem durchschnittlichen Reitpferd, wie man es auf Höfen und in Reitschulen findet, ist ungefähr so groß wie der zwischen Usain Bolt und Justin Bieber: Das Pferd vom Sinjarheim scheint eine Extraschicht Muskeln zu haben.

Im Jahr 1866 wurden im Sinjarheim 1,5 Hektar Getreide und Kartoffeln angebaut. Das ist mehr Getreide, als in der gesamten Region Sogn und der angrenzenden Fjorde im Jahr 2018 geerntet wurde.

Ich komme noch einmal darauf zurück: Wir müssen uns davor in Acht nehmen zu romantisieren. Erschöpfung ist nicht besonders schön, wenn man von morgens bis abends, von der Kindheit bis zum Alter damit kämpft. Es wird erzählt, dass eine der letzten Bewohnerinnen vom Sinjarheim in ihrer Kindheit nur ein einziges Mal spielen durfte. Der Autor Anders Onstad berichtet Folgendes vom Hof Berekvam:

»Eines Winters wussten sie nicht mehr, wie sie die Stube warm halten sollten, da zogen sie in den Stall oder hinunter in den Keller unter der Stube, wo die Haustiere untergebracht waren, um nicht zu erfrieren. Es soll das Weihnachtswochenende gewesen sein.«

Uff. Viele Menschen flohen vor einem Leben wie diesem, viele nach Amerika. Man kann wenig dagegen sagen. Aber viele sehnten sich auch nach Hause.

Die wenigsten Menschen, die im Jahr 2020 leben, würden dieses Leben von 1920 bewältigen, und wahrscheinlich würden die wenigsten Menschen, die 1920 lebten, sich gegen ein heutiges Dasein entscheiden, wenn sie wählen könnten. Glücklicherweise müssen wir nicht mehr dorthin zurück. Wir können uns das Beste aus beiden Welten aussuchen.

Nicht zuletzt die Umwelt würde davon profitieren, wenn wir einige der Fähigkeiten und der Ressourcen, die uns umgeben, nicht vergäßen einzusetzen. Wo findet dieser Aspekt in der Umwelt- und Klimadebatte Berücksichtigung? Wo ist die Gründlichkeit geblieben, möglichst viel aus dem zu machen, was man hat, statt ununterbrochen nach Neuem zu suchen, seien es neue Technologien, höhere Leistung oder Effektivität?

Warum ernten wir nicht die Äpfel vom Baum in unserem Garten, anstatt sie im Laden zu kaufen? Warum reparieren wir nicht den Reißverschluss von unserer Jacke, statt eine neue zu kaufen? Weil wir zu viel Geld haben? Weil wir es nicht mehr brauchen oder weil wir den Wert von Umsicht und Nachhaltigkeit nicht mehr sehen? Weil wir es nicht können?

Das Wort «robust» ist heute ein Lieblingsausdruck in Verwaltung und Politik. Neue Reformen am laufenden Band sollen dazu beitragen, eine «robustere Gesellschaft» entstehen zu lassen, und ich kann mich damit einverstanden erklären, dass dies eine gute Sache ist. Aber statt diese solide Struktur aufzubauen – denn darauf zielt der Begriff «robust» ja vermutlich ab: ein Bauwerk, das buchstäblich und im übertragenen Sinne sicher allen Gefahren und Bedrohungen trotzt –, indem immer mehr Etats gekürzt und Gemeinden und Büros zusammengelegt werden, hielte ich es für möglich, dass wir ein ganzes Stück robuster sein könnten, wenn wir dafür sorgten, dass mehr Menschen an dem Wissen partizipierten, auf dem diese Gesellschaft tatsächlich aufbaut. Stehen wir nicht besser da, wenn mehr von uns wissen, wie die elektrische Anlage eines Hauses funktioniert? Wenn mehr Menschen wissen, wie man eine Kuh melkt, Kartoffeln anbaut, einen Autoreifen wechselt, wie man einen stabilen Knoten in ein Seil schlägt, um jemanden in Not zu retten?

Und zwar nicht, um als Privatperson den Elektrikern

oder der Bergrettung oder den Bauern den Job streitig zu machen, sondern weil diese Art Wissen der Gesellschaft und dem Einzelnen Sicherheit gibt. Ich weiß es aus eigener Erfahrung: Je mehr generelles, praktisches Verständnis ich entwickle, desto sicherer fühle ich mich, und umso mehr traue ich mir zu.

Es kann zum Beispiel ziemlich unheimlich sein, die Verantwortung für das Leben und die Gesundheit von 168 Ziegen und Lämmern zu übernehmen, wie ich es im nächsten Kapitel tun werde, aber mit dem richtigen Wissen und mit grundlegender Geschicklichkeit kann das eine fantastische Erfahrung werden.

Sennerinnensommer

Der Grund für meine Wanderungen über die Pfade im Aurland 2017 war nämlich, dass ich selbst einem nahezu ausgestorbenen Beruf nachging. Ich war Sennerin, genauer gesagt Ziegensennerin, mit 131 Ziegen und 37 Ziegenlämmern, die jeden Morgen um sechs und am Nachmittag um fünf vor dem Stall im Stonedalen (ein Seitental des Auerlandsdalen) auf mich warteten. 620 Meter über dem Meeresspiegel.

Ich beginne jeden Morgen um sechs Uhr. Sobald die Ziegen sehen, dass ich den Kopf zur Stalltür hereinstrecke, springen sie auf. Graue, weiße, gescheckte und blaue. Die einen lang und dünn, andere kugelrund. Alle 168 Tiere spüren, dass es an der Zeit ist, die Euter zu lehren und ein wenig Kraftfutter und eine Kuscheleinheit zu bekommen.

«Guten Morgen, Freunde», sage ich.

«Määäää», antworten sie.

Ich mache mich an die Melkmaschine, und der Tag kann beginnen. Genau so, wie es mir am liebsten ist.

Am Melkstand haben vierundzwanzig Ziegen Platz. Ich habe zwölf Melkeinheiten, von jeder gehen zwei Schläuche ab: einer, der die Milch aufnimmt, und einer, über den das Pulssignal übertragen wird. Eine Pumpe steuert die Pulsatoren, die die Milch gleichmäßig und zuverlässig von den beiden Zitzen abpumpt. Die eine gibt Milch, während die andere ruht.

Ich bin längst nicht immer hellwach. Darum nehme ich mir einen Thermosbecher mit Kaffee aus der Hütte mit, aber er ist nie mehr als halbvoll. Denn jetzt kommt Toro ins Spiel, die lebendige Verkörperung von «frisch auf den Tisch». Ziege Nummer zwei von rechts hat große schöne Zitzen und ist großzügig mit ihrer Milch. Meine rechte Hand schließt sich um die rechte Zitze, Finger für Finger drücke ich die Milch in einem dünnen Strahl direkt in meinen Becher. Sie schäumt, und nach acht oder neun Handgriffen habe ich den frischsten Milchkaffee der Welt.

Die Arbeit wiederholt sich: Melkmaschine ansetzen, Melkmaschine abnehmen, die gemolkenen Ziegen nach draußen lassen, neue hereinholen. Gleichzeitig setzt sich der Puls der Maschine in meinem Kopf fest. Ta – tick, ta – tack, ta – tick, ta – tack macht sie, und um sechs Uhr dreißig morgens kann das durchaus einschläfernd wirken, aber in erster Linie gibt es mir einen Rhythmus. Einen Arbeitsrhythmus. Flow. Dieses unglaublich wichtige Gefühl, das eigentlich kein Gefühl ist, denn wenn man ihn hat, dann merkt man ihn nicht, er entsteht unbewusst, wenn die Aufgaben sich wie von selbst erledigen, Hände und Körper und Kopf einfach handeln, tun, machen, können, wissen – wenn alle 131 Ziegen plötzlich gemolken sind, und ich stehe da und kann nicht sagen, wie es gekommen ist, aber es ist getan, und ich weiß sicher, dass ich es gut gemacht habe, weil ich es kann.

Ich sage bewusst, der Beruf sei «beinahe ausgestorben», weil nur ein Prozent der Melkstände, die es nach dem Krieg in Norwegen gab, heute noch in Betrieb ist. So gesehen ist eine grüne Wende nicht wirklich in Sicht, sondern eher eine Wende, die wir vor sechzig, siebzig Jahren eingeleitet haben: weg vom Grünen und hin zum Braunen und Grauen.

Warum gelingt es uns nicht, mehr als die Hälfte unserer Weideflächen in unserer Natur zu nutzen? Alle politischen Parteien und neun von zehn Norwegern wollen, dass norwegische Nahrungsmittel aus norwegischen Ressourcen hergestellt werden. Und die norwegischen Ressourcen, das sind größtenteils Gras und Berge. Die Firma Tine verkauft ihre Landbutter *Sætesmør*, obwohl diese nie eine Gebirgsblume auch nur aus der Nähe gesehen hat, weil sich der Name gut verkauft. Und unser Fleisch wäre gesünder und von besserer Qualität, wenn die Tiere nicht im Stall stünden und Futter bekämen, das um den halben Globus geflogen werden muss.

Also haben wir sowohl den Wunsch als auch einen guten Grund, unsere Berghänge mit Tieren zu füllen und alten Pfaden ihre Bedeutung zurückzugeben. Und wir haben noch mehr als das: Uns steht eine Technologie zur Verfügung, von der frühere Generationen, die dort oben wirtschafteten, nur träumen konnten. Zum Melkstand im

Sognedalen treiben wir die Tiere heute nicht mehr zu Fuß, wir reisen mit Auto und Anhänger an. Wir kochen unseren Brunost nicht den halben Tag in einem warmen Topf (wenn wir nicht wollen), sondern geben die Milch direkt in einen thermostatgesteuerten Milchtank, der zwei- bis dreimal pro Woche von der Molkerei Tine geleert wird. Wir können dem Vieh GPS Halsbänder umlegen, die uns Auskunft darüber geben, wo die Tiere sich befinden, falls sie sich verlaufen haben oder in einer Felsspalte festsitzen. Wir können mit dem Hubschrauber oder einer Drohne losfliegen, um verirrte Schafe zu suchen, und wir können Steuergelder als Zuschüsse an Bauern verteilen, die für uns die Natur bewahren.

Das alles bedeutet nicht, dass ich nicht stolz auf das Handwerk sein kann, das ich im Stall verrichte.

Denn es ist Handarbeit. Auch wenn ich eine Melkmaschine habe, die zwölf Ziegen gleichzeitig melken kann, muss ich dennoch achtgeben, dass jede Zitze ausreichend zum Einsatz kommt, dass das Euter zwar leer, aber nicht trocken gemolken wird. Melke ich zu wenig, gerät die Ökonomie in Schieflage, und die Ziegen haben Milchüberschuss, melke ich zu viel, steigt das Risiko, dass sie eine Euterentzündung bekommen.

Manche Zitzen fügen sich besser in die Melkmaschine ein als andere. Die nicht so gut passen, brauchen ein bisschen Unterstützung: Ich muss ein bisschen ziehen und schieben, mit der Zeit wissen meine Hände, wie viel Druck ich auf die Melkmaschine und das Euter geben muss, damit sie bestmöglich harmonieren.

Bekomme ich einmal Besuch, wird schnell deutlich, wie

gut ich im Vergleich zu einem Anfänger mit Euter, Zitzen, den einzelnen Ziegen und der ganzen Herde zurechtkomme. Das ist vielleicht keine Überraschung, aber die Veränderung hat sich vollzogen, ohne dass ich es bemerkt habe. Ziegen sind bekanntermaßen Tiere mit ausgeprägter Persönlichkeit, und es vereinfacht die Arbeit ungemein, wenn man *mit* ihnen statt *gegen* sie arbeitet. Man muss ausreichend durchsetzungsfähig und ihnen immer auch einen Schritt voraus sein: einen Plan haben, wo sie hinsollen und wie sie dort hinkommen sollen. Und natürlich muss man sich auch Zeit für Streicheleinheiten nehmen.

Auch Ziegen lieben es, hinter den Ohren gekrault zu werden, vor allem, wenn sie einem dabei ins Gesicht pusten oder die Mütze vom Kopf ziehen können. Sonnengewärmt und frisch von der Weide riechen sie gut, süß und ziegenartig, aber frisch und sommerlich. Hat man erst einmal verstanden, wie gut es ist, eine warme Ziege zum Kuscheln zu haben, ist es unmöglich, wirklich traurig zu sein.

Diese Arbeit ist sinnvoll. Hier, als Sennerin zwischen Ziegen und Gebirge, fühle ich mich am allernützlichsten für mich und den Rest der Welt. Trotzdem hat es den Anschein, dass die Welt mit mir nicht einer Meinung ist. Als Ferienkraft in der Landwirtschaft bekomme ich einen Tariflohn von 124,15 Kronen pro Stunde, das ergibt einen Monatslohn von ungefähr 19 000 Kronen, einundvierzig Prozent des Durchschnittslohns in Norwegen und 4000 Kronen weniger, als ich mit einer halben Stelle in der Redaktion von *Dag og Tid* im Jahr 2015 verdient habe.

So unterschiedlich oder so wenig ausgewogen wird Arbeit in Kronen und Øre bemessen. Zum Glück brauche ich nur aus der Stalltür zu schauen, um zu sehen, wie wichtig die Arbeit der Ziegen für das Ökosystem ist. Längs durch das Stondalen verlaufen ein Fluss und ein Wildzaun. Auf der einen Seite weiden meine Ziegen. Dort ist die Vegetation niedrig, satt, vielfältig. Die andere Seite ist unbewirtschaftet. Dort stehen die Gebirgsbirken, Sal-Weiden und Weiden dicht an dicht, ja so dicht, dass es ein Kunststück ist hindurchzukommen.

Wildwuchs nennt sich das und ist eine Herausforderung sowohl für die Natur als Erholungsort als auch für unsere Nahrungsmittelproduktion, für das Ökosystem und die biologische Vielfalt.

Aber ist es auch eine Herausforderung für den Einsatz unserer Hände? Diese Frage wurde bisher nicht besonders ausführlich beleuchtet. Aber selbst wenn unsere Natur so unberührt scheint, ist sie es sehr selten wirklich. Nur zwölf Prozent Norwegens sind von «wilder Landschaft» geprägt. Und selbst wenn vierundvierzig Prozent des Areals als «unberührtes Naturgebiet» definiert sind, bedeutet das nicht, dass wir Menschen nicht dazu beigetragen haben, es zu formen.

Üblicherweise bezeichnen wir etwas als Kulturlandschaft, das für Touristen von Bedeutung ist. Aber die Befragung solcher Touristen hat ergeben, dass eine solch offene Kulturlandschaft in erster Linie wichtig für uns selbst ist.

Gibt uns das nicht noch mehr Anlass, diese Landschaft zu bewahren? Es ist ja nicht nur das Resultat – die Aussicht, die Landschaft selbst –, das etwas für uns bedeutet, sondern vielmehr die Tatsache, dass wir nicht länger in der Lage sind, eine Lebensart zu erhalten, die einen wichtigen Teil von uns ausmacht. Die wenigsten von uns können eine gefallene Trockenmauer wieder aufbauen, die Wiesen mit der Sense mähen, wissen, wie man Laub und Zweige von den Kopfweiden erntet, die in Alleen entlang der Grasflächen stehen. Auch das ist ein Handwerk, Tradition und Wissen, das wir im Begriff sind zu verlieren: Tief vergraben unter dem Wildwuchs liegt eine Schicht aus verlorengegangenem Bewältigungsgefühl.

Ebendieses Gefühl der Zufriedenheit, das sich einstellt, wenn ich meine Wacholderzweige verarbeite. Ich bin sogar so frei, meine winzige Wacholderrodung als Aufräumarbeit in der Kulturlandschaft zu bezeichnen.

Wacholder in überschaubaren Mengen ist gut. Zu viel Wacholder ist ein Hindernis für Wanderer, Tiere und mit der Zeit auch für die Aussicht. Wacholder ist eines jener Gewächse, die unsere Kulturlandschaft überwuchern. Ich pflücke und schneide und benutze es, und das hilft nicht nur mir, sondern auch der Landschaft.

Und genau das, dass etwas gut sein kann für beide Seiten, dass wir uns ergänzen, das ist doch am Ende des Tages die größte Freude. Einen Weg entlangzugehen und ihn wahrzunehmen, ist doch ganz etwas anderes, als einen Weg entlangzugehen und ihn zu verstehen. Die Landschaft für mich zu nutzen, macht mich zu einem Teil von ihr, und das auf eine ganz andere Art und Weise, als wenn ich einfach hindurchgehe. Wenn man bedenkt, was das wert ist!

❁ ❁ ❁

KAPITEL 5

In dem ich etwas lerne, das so speziell ist, dass es nicht mal auf YouTube zu finden ist

Hände greifen, wägen, packen, übersetzen und verstehen. Für uns und mit uns. Sie heben hoch, stellen hin, packen, was zu fallen droht, führen den Nähfaden durch das Nadelöhr und ziehen ihn mit geraden Stichen durch den gerafften Stoff, auch auf der Rückseite, wo das Auge dem Faden nicht folgen kann. Hände handeln handfest und entschieden, wenn sie wissen, was sie tun sollen, tasten sich vorsichtig durch einen dunklen Raum, den unsere Augen nicht erfassen können. Sie strecken sich mutig nach vorn, ins Unbekannte.

Manchmal streichen sie behutsam über ein feuchtes Gesicht. Und doch sollte man nicht bezweifeln, dass sie, falls nötig, in einer Nanosekunde zuschlagen können. Wenn die richtigen Hände den Hals einer Geige umfassen, wecken sie in einem tausendköpfigen Publikum jahrhundertealte Gefühle. Sie können Daumen halten, auf Holz klopfen, Salz über die Schulter werfen und eine schwarze Katze daran hindern, den Weg zu überqueren. Dieselbe Katze dazu verführen, sich schnurrend in die Armbeuge zu schmiegen.

Irgendwann sitzt man mit viel zu vielen Fingern der eigenen Hand an einem Tisch und weiß nicht, worüber man reden soll, kann nur an diese Finger denken, die nicht stillhalten können – bis man die anderen Finger findet, diese Finger, die ebenso rastlos auf der anderen Seite des Tisches lagen, und alle zwanzig erleichtert begreifen, dass sie genau dorthin gehören.

Ja, ich denke ziemlich viel über Hände nach. Auch meine eigenen. Daran, was sie können und was sie nicht können. Manchmal, wenn ich mich beispielsweise ans Klavier setze, bestaune ich sie: Wie kann es sein, dass sie sich an dieses Debussy-Stück erinnern, das ich seit mindestens fünf, sechs Jahren nicht mehr gespielt habe? Denn es müssen die Hände sein, die sich erinnern, der Kopf hat oft keine Ahnung, jedenfalls was die Einzelheiten angeht. Wie geben die Hände der Musik Ausdruck?

Und dann können sie bei anderer Gelegenheit kaum einmal etwas so Banales wie *Bella Ciao* auf dem Akkordeon zusammenfummeln. Blöde Finger, denke ich da, machen nur Fehler und können nix.

«Dir ist es wichtig, dass die Haut deiner Hände hart ist», sagte meine Mutter kürzlich eher beiläufig zu mir, und ich wusste sofort, dass sie recht hat. So, wie ich mich sexyer, stärker, weiblicher und alles in allem aufrechter fühle, wenn ich Arbeitsklamotten trage, Schreinerhosen, Baseballcap und ein Top, das meine Schultermuskeln zeigt – die jetzt, seit ich trainiere, sogar etwas definiert sind –, als in Kleid, Strumpfhosen und mit Lippenstift, mag ich Hände, denen man die Arbeit ansieht. Am liebsten zeige ich sie vor, wenn das Nagelbett ein bisschen schmutzig ist, wenn ich Schwielen, hier und da winzige Holzsplitter und eine kleine Schnittwunde habe, die mit Gaffa Tape überklebt ist (ich brauche kein Pflaster, es tut ja nicht weh, es stört nur, wenn überall Blut hintropft).

Sobald meine Hände prickeln, werde ich unzufrieden. Das ist ihre Art, mir zu sagen, dass ich wieder zu viel am PC gearbeitet habe, dass die grobe gute Arbeitshaut bald weg und meine Hände, wenn ich nichts unternehme, in ein paar Tagen wieder glatt und weich sein werden. Das geht schnell – nur eine Woche, und die ganze gute Arbeit ist dahin.

Das Leistungsvermögen meiner Hände, hat großen Einfluss auf mein Selbstwertgefühl, und das kann so und so aussehen. Jetzt, wo ich in einer Kleinstadt auf einem Parkplatz stehe und mich ganz klein und allein fühle, wendet es sich gegen mich. Ich bin mit dem Bus fünfundzwanzig Kilometer weit aus Oslo gekommen, musste sogar einmal umsteigen. Jetzt starre ich auf die Eingangstür eines Geschäfts und weiß nicht, ob ich mich hineintraue.

Da drinnen haben sie nämlich ein Werkzeug, an dem ich meine Arbeitshände und meinen Handwerksverstand erproben möchte: ein Schindelmesser.

Das Schindelmesser ist ein Mittelding zwischen Messer und Axt. Ein schmales rechteckiges Blatt mit einer dreißig Zentimeter langen Schneide. Die Schneide ist konvex wie eine Axtschneide, aber man schlägt sie nicht ins Holz, sondern drückt sie durch das Holz und spaltet es so. Der Stiel sitzt im rechten Winkel am Blatt und ist abnehmbar.

Es wirkt schwer, irgendwie aus dem Gleichgewicht, nicht gerade wie ein besonders gelungenes Werkzeug. Und doch brauche ich angeblich genau dieses Schindeleisen, um – womöglich als erster Mensch in der Geschichte – aus Fichtenholz Schindeln zu machen.

Zweieinhalb Außenklowände habe ich mit Wacholder-zweigen verkleidet, die Wand hinter der Stelle, wo die Fäkalien landen, ist halbhoch mit einer Stahlplatte verschlossen, damit man sie entfernen und das Klo, wenn nötig, entleeren kann. Bleiben noch anderthalb Wände. Aber in der einen ist die Tür, die Wandfläche drumherum ist schmal, ich glaube, dass geflochtener Wacholder da deplatziert, ja albern aussähe.

Dann kam der Schnee, früh im Jahr, plötzlich war mein gesamtes Reisig-Material zugeschneit und daher unzugänglich. Ich musste mir für meine letzten Wände etwas anderes überlegen und begann, mit Schindeln zu liebäugeln. Jon Godal erwähnte sie in seinem Buch, mir fiel wieder ein, dass ich sie auf den Dächern von Stabkirche gesehen hatte: flache dünne «Dachziegel» aus Holz. Dafür sägt man Holzblöcke in die richtige Länge, spaltet die Schindel so ab, dass die Jahresringe von oben nicht sichtbar sind, die fertigen Schindel werden in Lagen angebracht, dabei sollen sie mindestens zur Hälfte überlappen. Wenn man das richtig macht, entsteht so eine völlig dichte Fläche.

Nach dem Spalten werden die Schindeln gehobelt, angepasst, getrocknet oder geölt, dann sind sie mindestens so lange vor Wasser, Fäule und Feuchtigkeit geschützt wie jeder andere Dachbelag. Es gibt Schindeldächer, die auf das 9. bis 13. Jahrhundert datiert wurden; sie haben also über achthundert Jahre standgehalten.

Es versteht sich von selbst, dass meine Schindeln weder so makellos noch so haltbar sein werden, und das, obwohl sie nicht auf einem Dach liegen, sondern vertikal an einer Wand hängen sollen und somit weniger der Feuchtigkeit ausgesetzt sind.

Fichtenholz ist für Schindeln nicht ideal: Bei alten Schindeln beträgt der Abstand zwischen den Jahresringen maximal zwei Millimeter, und das Holz ist völlig astfrei. In meinem Wald liegen die Jahresringe acht bis zehn Millimeter auseinander, das Holz ist alles andere als frei von Astlöchern. Traue ich mich, das Geschäft zu betreten und das zu erzählen? Traue ich mich überhaupt hinein?

Ja, man kann durchaus behaupten, dass ich Fachgeschäfte vermeide. Geschäfte mit Leuten, die mehr können als ich. Natürlich weiß ich, dass es der Sinn solcher Läden ist, Dinge zu verkaufen, mit denen ich mich verbessern kann, und mir bei der Wahl zu helfen. Trotzdem fühle ich mich dort nicht wohl, ich bringe auch ungern mein Auto zum Bremsenwechsel in die Werkstatt, bestelle ungern einen Klempner, gehe sogar ungern zum Friseur. Schon komisch.

Ich nehme meinen Mut zusammen – nachdem ich so weit gefahren bin, kann ich einfach nicht mehr umkehren – und betrete den Laden. Mein Blick fällt sofort auf die Schindelmesser. Ebenso schnell höre ich die gefürchtete Frage: «Wie kann ich helfen?»

Also los. Ich berichte von der Hütte, dem Außenklo, dem unbrauchbaren Fichtenholz. Und treffe auf vollstes Verständnis.

«Du brauchst ein Schindelmesser», sagte der Verkäufer.

Ich gebe mir einen Ruck und frage: «Ist die Handhabung schwierig?»

«Na ja, ist irgendein Werkzeug auf Anhieb einfach?»

Der Verkäufer sieht mich verschmitzt an. Ich seufze, lächele, bezahle und gehe – um ein Schindeleisen reicher. Und das fühlt sich – trotz allem – gut an.

Ein paar Sachen sind nun noch zu erledigen: Erst mal muss ich herausfinden, wie man das Ding benutzt. Soweit ich weiß, kenne ich niemanden, der schon einmal mit einem Spalteisen gearbeitet hat. Ich finde nicht einmal ein vernünftiges Video auf YouTube – ein sicheres Zeichen, dass man sich mit etwas ziemlich Eigenartigem befasst. Aber laut Godal ist es nicht besonders schwierig – ein geübter Schindelmacher schafft etwa eintausend Schindeln am Tag. Da gibt es nur eins: ausprobieren.

Die Stämme liegen schon bereit. Ich teile sie in dreizehn Zoll lange Blöcke (die ideale Länge für Wandschindel, habe ich gelesen) und versuche, dabei die schlimmsten Astlöcher zu meiden, das klappt einigermaßen. Dann schiebe ich den Stiel ins Schaftloch des Eisens, habe aber nicht den Eindruck, dass er wirklich sitzt. Ich schlage mit dem Hammer drauf. Sitzt er jetzt fester?

Ich stelle das Messer quer über einen Block, der Durchmesser beträgt etwa zwanzig Zentimeter. Mit der linken Hand halte ich den Stiel, nehme den Hammer in die rechte und schlage auf das Eisen – es passiert absolut nichts. Die Klinge dringt keinen Millimeter ins Holz ein. Noch einmal. Noch einmal. Da löst sich der Stiel, zischt durch das Loch, meine Hand, die ihn fest umschlossen hielt, rutscht mit ab. Das tat weh. Verdammte Axt! Der Stiel fliegt in hohem Bogen ins Moor – offenbar habe ich ihn dorthin geschleudert.

Eine Zeitlang mache ich so weiter. Schlage mit dem Hammer, stecke fest, werde langsam wütend. Der Stiel schlackert, ich kriege das Messer einfach nicht in den Klotz. Ich atme tief durch. Hole einen Eimer Wasser. Lege den Stiel hinein und mache eine lange anstrengende Wanderung.

Am nächsten Morgen lasse ich den Stiel, wo er ist, und

hole stattdessen meine größte Spaltaxt und ein Holzscheit. Ich setze die Axt mitten auf den Block und schlage mit dem Holzscheit darauf (denn nein, diese Treffsicherheit traue ich mir mit der Axt nicht zu) – zwei Schläge, und der Block ist gespalten. Dasselbe noch einmal – und die Hälften sind in Viertel geteilt –, keine große Sache.

Aber jetzt muss das Schindelmesser ran. Raus aus dem Eimer, der Stiel ist aufgequollen und sitzt viel fester am Messer – ein guter Anfang. Dann setze ich das Eisen auf den geviertelten Block – einen Zentimeter vom Rand entfernt. So hat das Blatt nach beiden Seiten viel Platz.

Vorsichtig schlage ich am Rand mit dem Hammer auf das Messer und halte dabei, so gut ich kann, mit dem Stiel gegen. Es funktioniert tatsächlich, das Eisen gräbt sich am äußeren Rand ein, ein weiterer Schlag mehr zur Mitte hin, auch das funktioniert. Allerdings droht die Schindel sehr dünn zu werden, weil das Eisen nach außen wegrutscht. Ich schlage vorsichtig weiter und versuche, das zu korrigieren. Das klappt nicht, etwa auf der Hälfte des Klotzes flutscht es heraus, aber auch wenn sie nur halb so lang ist wie gewünscht: Ich habe meine erste Schindel.

Und es wird besser. Schon beim nächsten Versuch komme ich durch den ganzen Block und mache eine flache, schöne Schindel, gut einen Zentimeter dick, dreizehn Zoll lang, drei bis vier Zoll breit. Ich lege sie beiseite und mache noch eine. Und eine dritte. Schnell habe ich einen ganzen Stapel.

Hin und wieder treffe ich auf Astlöcher und schneide gerade durch sie hindurch. Manchmal bricht eine Schindel. Dann wird sie zu Anmachholz, wie praktisch. Irgendwann ist der Klotz zu schmal für weitere Schindeln, dann wird auch er zu Feuerholz, dafür haue ich ihn einmal mit der Axt durch, fertig. Mit der Zeit spürt die Hand, die den Stiel hält, wohin das Messer geht, ich kann das korrigieren, zum einen, indem ich mehr oder weniger Druck ausübe, zum anderen dadurch, wie ich den Hammer platziere. Ein Riesenspaß. Toll.

Auch das Befestigen der Schindeln macht Spaß. Als Erstes wird mir klar, dass ich sie nicht in die Luft nageln kann. Also lege ich Latten quer über die Wand, aber die, die ich da habe, sind zu dünn – sie brechen und bieten dem Hammer nicht genug Widerstand.

Wieder bin ich froh, dass ich einen nahezu endlosen Holzvorrat habe, am Ende schraube ich Rundhölzer dicht untereinander an die Wand und nagele die Schindeln darauf. Ein kleiner Nagel durch die erste Schindel, die nächste überlappend daneben, ein längerer Nagel in die Überlappung sichert die erste wie die zweite Schindel. Das macht Laune.

Und wie schnell es geht. Meine Hände freuen sich, sie dürfen mit Hammer und Nägeln spielen, das gefällt ihnen, sie können gar nicht schnell genug vorankommen. Weiter hinauf, ich muss die Leiter holen, mein Körper ist ganz leicht, ich mache da oben eine Kaffeepause, nehme mir Zeit, lege den Kopf in den Nacken, schaue in die Baumkronen und denke: Eigentlich sind sie gar nicht so übel, meine Sitka-Fichten.

Meine Bäume wachsen nicht gerade, sie verdrehen sich im Laufe der Zeit, das tun Bäume oft, wenn sie schnell wachsen oder es um sie herum zu viele andere Bäume gibt. Daher sind nicht alle meine Schindeln ganz flach, einige haben auch Astlöcher, die sie leicht wölben, also wird auch meine Wand nicht ganz eben. Nun denn. Falls welche abfallen, kann ich sie ja ersetzen. Fast freue ich mich darauf, dass ich dann neue machen und sie montieren kann.

Mein Nagel am linken Zeigefinger ist an der Spitze lila. Die rechte Hand ist nach den vielen Hammerschlägen etwas zittrig. In der Handfläche habe ich eine ärgerliche Blase zwischen Ring- und kleinem Finger. Die Nagelhaut ist eingerissen, sie muss eingecremt werden, ich darf nicht vergessen, den Splitter aus dem linken Daumen herauszuziehen. Warum sind nicht alle Tage wie dieser?

Ein Erbe zum Anfassen

Am Ende des Tages hänge ich den Hammer an seinen Platz im Windfang vor der Hütte. Was täte ich ohne diesen Hammer? Er war den ganzen Tag lang ein handfestes Werkzeug, aber er ist auch ein Symbol für eine Fertigkeit. Einen Nagel gerade einschlagen zu können, am besten mit einer Hand, während die andere das Brett hält, ist in vielerlei Hinsicht die Definition von Handwerk. «Der kann nicht mal einen Nagel gerade einschlagen», sagen wir, obwohl es wahrlich nicht das Einfachste ist, jedenfalls nicht, wenn man es richtig machen möchte – so nämlich, dass man an einem Tag viele Nägel einschlagen kann, ohne eine Sehnenscheidenentzündung oder einen permanent blauen Daumen davonzutragen. Es ist alles andere als einfach, vor allem, wenn man nicht aufrecht stehen und gerade nach vorn hämmern kann, was fast nie der Fall ist. Hämmert man auf einer Fläche, die sichtbar bleiben wird, darf man sich keinen Fehler erlauben, sonst sieht man die Hammerabdrücke. Aber man kann lernen zu treffen. Wir alle können das, indem wir es immer und immer wieder machen und uns dabei ein wenig korrigieren lassen. Von jemandem lernen. Eine Tradition, die nicht unterbrochen werden darf.

Ja, ich habe eine Wand gemacht, und zwar auf eine Weise wie viele andere vor mir. Ich musste das Rad nicht neu erfinden, ich hatte erprobte Vorlagen für alles, was ich mir vorgenommen hatte. Vielleicht kann ich so weit gehen, von Kulturerbe zu sprechen: Diese Wand wird gewiss nicht auf der Liste schützenswerter Objekte landen, die der staatliche Denkmalschutz führt, aber ich bin jetzt Trägerin. Ich bin Trägerin eines immateriellen Kulturerbes, bei dem der Herstellungsprozess ebenso schützenswert ist wie das hergestellte Produkt.

Es gilt, dieses immaterielle Kulturerbe zu erhalten. Zwar müssen wir in Norwegen hinnehmen, dass viele unserer Trachten in China gefertigt werden, aber das Können, sie selbst zu nähen und zu besticken, dürfen wir nicht verlieren. Wir dürfen nicht die norwegische Landwirtschaft abwickeln und zulassen, dass die Dänen unseren traditionellen Ziegenkäse für uns herstellen, denn dann würden wir vergessen, wie er gemacht wird. Es geht nicht an, dass wir alle Holzlöffel von computergesteuerten Maschinen schnitzen und alle Fische mit Echolot fangen lassen.

Der Begriff des immateriellen Kulturerbes ist vergleichsweise jung, er entstand 2003 mit dem UNESCO-Übereinkommen zur Erhaltung des immateriellen Kulturerbes: «Unter immateriellem Kulturerbe sind Bräuche, Traditionen, Ausdrucksformen, Wissen und Fertigkeiten zu verstehen, die Gemeinschaften, Gruppen und gegebenenfalls Einzelpersonen als Bestandteil ihres Kulturerbes ansehen.» Das Erbe, so der Text weiter, «das von einer Generation an die nächste weitergegeben wird, wird von den Gemeinschaften und Gruppen in Auseinandersetzung mit ihrer Umwelt, in ihrer Interaktion mit Natur und mit ihrer Geschichte fortwährend neu gestaltet und vermittelt ihnen ein Gefühl von Identität und Kontinuität».

Das ist auch auf dieser abstrakteren Ebene sehr schön. Mir gefällt der Gedanke, dass Natur und Geschichte meine Identität mitformen, indem ich etwas Konkretes herstelle. Noch schöner ist, dass nach dieser Konvention meine Kultur andere nicht daran hindert, eine eigene zu haben. Im Gegenteil: Je näher mir meine eigene Kultur ist, umso einfacher wird es für mich, die Ausdrucksformen anderer Kulturen zu akzeptieren.

Norwegen hat die Konvention 2007 ratifiziert und den staatlichen Kulturrat mit ihrer Durchführung beauftragt. Die Konvention hat wenig Aufmerksamkeit bekommen, das immaterielle Kulturerbe ist nicht so bekannt wie das UNESCO-Weltkulturerbe, dabei sind sie zwei Seiten einer Medaille. Norwegen hat acht Orte auf der Weltkulturerbe-Liste, aber nur zwei Traditionen auf der Liste des immateriellen Erbes: die Volksmusik und die Tänze im südnorwegischen Setesdal.

Nach der Ratifizierung ernannte Norwegen fünf Verbände zu Botschaftern des immateriellen Kulturerbes, denn dessen Schutz sollte nicht nur den Museen überlassen werden. Ein Kulturerbe muss in der Gemeinschaft und in Gruppen lebendig sein, auch Einzelpersonen sind wichtig. «Kulturerbe» mag hochtrabend klingen, die Bräuche und Tätigkeiten, um die es geht, sind es nicht.

Auf der Liste repräsentativer immaterieller Tätigkeiten der Niederlande steht beispielsweise das Handwerk des Müllers, der die traditionellen Wind- und Wassermühlen betreibt. In Deutschland wurde «Orgelbau und -musik» registriert, Peru hat das traditionelle System der Wasserrichter von Corongo schützen lassen, Belgien seine besondere Bierkultur und Frankreich die französische Küche mit Mahlzeiten, die mit einem Aperitif beginnen und mindestens vier Gänge haben, die alle von Alkohol begleitet werden.

Solche Details machen die Welt vielfältiger und den Alltag aufregender. Nichts davon brauchen wir, um überleben zu können. Doch wenn man all diese Elemente zusammen betrachtet, erkennt man ein Bild, dessen Kraft in ebendiesen kleinen Details besteht.

Unsere Kultur steckt in Stoffen und Kochtöpfen

Der Norwegische Verband für Volkskunst und Kunsthandwerk hat sich von Anfang an sehr um die Systematisierung des immateriellen norwegischen Kulturerbes bemüht. Regionalgruppen arbeiten kontinuierlich an einer Liste bedrohter lokaler Handwerkstechniken. Doch anders als die roten Listen für Flora und Fauna begnügt sich diese Liste nicht mit der Feststellung der Bedrohung.

Wenn eine Regionalgruppe die Gefährdung eines Handwerks feststellt, beginnen deren Mitglieder, es zu erlernen. Auf diese Weise finden überall in Norwegen alte Fertigkeiten, vom Wollefärben mit Pflanzen bis zur Herstellung von Bierfässern und Bottichen, ihren Weg in neue Köpfe und neue Hände.

Ein Projekt sticht heraus: Der Volkskunst-Verband der mittelnorwegischen Region Hardanger nahm sich des Fältelns der zur Hardangertracht gehörenden Hauben an. Als sich die Gruppe gemeinsam mit dem lokalen Museum und Frauen aus der Gegend an die Arbeit machte, gab es nur noch eine einzige Frau, die diese Technik beherrschte. Eine einzige. Auf der ganzen Welt.

Die Haube soll sich «über den Kopf wölben wie der Folgefonna über den Fels» (der Folgefonna ist ein Gletscher). Dafür muss das Tuch gestärkt und nach einem komplizierten Muster gefältet werden, eine Festhaube kann bis zu dreihundert Faltstellen haben. Im Rahmen des Projektes gab es mehrere Kurse, so wurde das Handwerk vor dem Untergang bewahrt, auch wenn es niemand mehr als Beruf ausübt.

Den Techniken auf der roten Liste ist gemeinsam, dass sie sich der Materialien bedienen, die wir in unserer direkten Umgebung finden – Materialien, die für unseren Alltag immer weniger relevant sind. Wenn das Wissen um lokale Techniken verschwindet, betrachten wir immer größere Teile dieser Umwelt als nutzlos, ja als Abfall, wo unsere Vorfahren Rohstoffe sahen. Wenn man weiß, wie es geht, kann das Unkraut Flatter-Binse zu Schuhen werden, Brennnesseln zu Stoff, die Haare eines Kuhschwanzes zu warmen Schuhsohlen, Birkenrinde zu viel mehr als nur Torfdächern und Bierhefe – wie wäre es mit Brotdosen, Portemonnaies oder Rucksäcken?

Ja, das klingt altmodisch. Es klingt schwerfällig, langweilig und fürchterlich aufwendig. Aber auch – nah. Nachhaltig. Umweltfreundlich. Kein Produkt ist lokaler und nachhaltiger als eines, das wir selbst aus den Rohstoffen herstellen, die wir vor der eigenen Haustür finden. Ressourceneffizienz, bedeutet das nicht auch, das Beste aus dem zu machen, was einen umgibt?

Die vielleicht größte Bedrohung unseres Kulturerbes ist die unsinnige Interpretation ebendieses Wortes: Effizienz. Als die Worte effizient und effektiv zu Synonymen für schnell, einfach und billig wurden, blieben die Traditionen auf der Strecke.

Ich interessiere mich seit jeher sehr für Lebensmittel und deren Zubereitung, doch auf die Frage, was mich daran eigentlich so fasziniert, hatte ich lange keine Antwort. Eines Tages fand ich sie zufällig in einem amerikanischen Blog: «Ich koche gern, und ich esse gern – aber intellektuell interessieren Essen und Lebensmittel mich, weil sich darin die menschliche Kultur mit Natur und Umwelt verbindet.»

Unsere Ernährung formt die Natur, und die Natur formt unsere Ernährung – das geschieht durch die Arbeit an beidem und durch aktives Handeln, an dem möglichst viele von uns teilhaben sollten.

In der Küche kann ich immer auf meine Hände vertrauen. Ich zerlege Fleisch nicht so fachgerecht wie ein Metzger, aber wenn im Herbst ein halbes Lamm auf dem Arbeitstisch meiner Küche landet, weiß ich, was zu tun ist. Ich weiß, wo der Bug sitzt, wie ich die Keule abtrenne, wie weit das Filet reicht. Meine Hände können das Messer so führen, dass die Stücke für meinen eigenen Gebrauch genau richtig sind.

Ein großer Korb gerade gesammelter ungeputzter Pfifferlinge mag anfangs wie ein Berg wirken, aber ich mache mich dran und erledige das. Ich kann Pflaumenmarmelade kochen und in sterile Gläser abfüllen, die monatelang in der Speisekammer lagern können. Und nicht zuletzt kann ich einen Sauerteig pflegen und ganz ohne Küchenmaschine aus grobem Mehl ein saftiges, luftiges Brot backen. Ich kann walken und kneten, dehnen und falten, hochheben und umdrehen, bemehlen und abwischen, ich spüre genau, was der Teig braucht, um die starren Gluten-Proteine loszuwerden und um weich und geschmeidig zu sein. Widersetzt er sich, dann werfe ich ihn ein paarmal aus großer Höhe auf das Backbrett – danach ist er vollkommen nachgiebig.

All das ist Kulturerbe. Kulturerbe in meinen Händen. Techniken, die sich über Generationen herausgebildet haben und noch lange nicht überholt sind.

Die Stadt, die sich auf sich selbst verließ

Ja, ich bestehe darauf, meine Pfifferlinge selbst zu sammeln. Ich pökle auch die Lammrippe selbst, die ich zu Weihnachten serviere, sie schmeckt anders als die, die man im Supermarkt bekommt. Geld spare ich dabei eher nicht – im Laden kostet die fertige Rippe so viel wie das Fleisch, das ich direkt beim Bauern kaufe –, und wenn ich die Zeit, die ich im Wald mit Pilzesuchen verbringe, in Stundenlohn umrechne, werden das schnell sehr teure Pfifferlinge. Ums Geld geht es mir aber nicht, Pilze und Lammrippe haben noch einen anderen Wert. Dieser Wert berechnet sich nicht in Kronen und Øre, es geht nicht einmal um den Geschmack – der Wert besteht darin, dass etwas einhundert Prozent echt und ganz und gar meines ist.

Ist es irrational, wenn man sich darüber freut, dass man

besonders lange für etwas braucht, das anderswo schneller und billiger hergestellt werden kann? Ein verteuerndes Element, eine Störung bei der Planung einer rationellen Gesellschaft? Vielleicht haben wir Menschen hin und wieder zu viele Gefühle. Aber sie werden nicht verschwinden. Vielleicht wird vieles für uns einfacher, wenn wir zu unserem Bedürfnis nach Kontakt, Nähe und Vertrautheit mit unserer direkten Umgebung stehen.

Dass diese Schwäche keineswegs ein Problem sein muss, sondern eine Chance sein kann, kann man in Røros sehen, der früheren Bergbaustadt, die schon 1981 zum Weltkulturerbe ernannt wurde. Heute ist Røros der Inbegriff des romantischen Norwegen-Städtchens, es wirkt schnell wie das Klischee einer heilen Vergangenheit. Und gerade dort soll man lernen können, was authentisch, zukunftsweisend und dabei gewinnbringend ist?

Ich will testen, ob das Romantische und das Authentische, das Altmodische und das Gewinnbringende wirklich Gegensätze sind, und lege daher meine Røros-Reise auf ein Wochenende, das dem Postkartenimage am nächsten kommt: die Tage des berühmten Weihnachtsmarktes.

Die bunten Holzhäuschen an der Hauptstraße liegen unter einer soliden Schneedecke. Es gibt Kerzenlicht, Korngarben und Kaffeekessel über offenem Feuer für die Augen, für die Nase Punsch, gebrannte Mandeln und Pferdeäpfel, für die Ohren Schellenklingeln und Kirchenglocken. Die Zehen sehnen sich nach den dick gefütterten Stiefeln der Gegend, die Finger nach den Pelzmänteln, die die Kutscher tragen. Die Schlange für die «Weihnachtstour», eine Stadtpartie im Pferdeschlitten, ist lang. Die Schlitten sind mit Fackeln und Glöckchen geschmückt, die Besucher kuscheln sich tief in Pelzdecken. Die Kutscher dürfen keine moderne Winterkleidung aus Materialien wie Gore-Tex tragen, für sie gibt es nur Wolle, Leder oder Pelz.

Wäre das eine Kulisse, sähe ich diesen Samstagnachmittag vermutlich mit einem ähnlich starken Widerwillen, wie er einen befällt, wenn man das Weihnachtsmanndorf im finnischen Rovaniemi googelt.

Aber so ist Røros nicht. Natürlich fährt heute kaum noch jemand im Pferdeschlitten zur Arbeit, aber das Pferd gehörte hier viel länger zur Landwirtschaft als im übrigen Norwegen. In den Grubenanlagen nutzte man zwar die neuesten Technologien, aber im Ort standen die Häuser so eng beieinander, dass für Traktoren kein Platz war. Es ging nicht ohne Pferde, nun haben sie übergangslos eine neue Rolle als Touristenattraktion bekommen. So etwas wirkt dem Widerwillen entgegen und sorgt für wohlige Gänsehaut.

Ich möchte kurz innehalten und gestehen, was vermutlich längst klar ist: Ich mag Røros außerordentlich gern. Am meisten imponiert mir, dass hier vieles ineinandergreift: Der Status als Weltkulturerbe und der Denkmalschutz gehen mit den Interessen der Bürger und modernen Bebauungsplänen zusammen, das Leben in der Natur und deren Nutzung als Ort der Erholung mit dem großen Nationalpark, der die Stadt umgibt, die Landwirtschaft mit den Bedürfnissen der Ureinwohner des Nordens, den Sami-Nomaden, die vielen Handwerksbetriebe mit Industrierobotern und Pilotprojekten auf dem Gebiet neuer Technologien. Røros hat als Stadtgemeinschaft verstanden, dass – und wie – man sich gegenseitig stärkt. Hier ist immer was los.

Bei nur 5600 Einwohnern hat Røros zwei Lokalzeitungen, ein Lokalradio und einen lokalen Fernsehsender.

«Das brauchen wir auch, so viel, wie hier geschieht», sagte mir einmal eine Bewohnerin, die mich zu einem Vortrag nach Røros eingeladen hatte.

«It's such a traditional town, but it's so alive!», sagt Lexie, eine Keramikerin, die aus Schottland hierherkam und in der Töpferei Potteriet arbeitet.

Genau dort habe ich, mitten im Getümmel des Weihnachtsmarktes, eine Verabredung. Die Töpferei ist in einem Gebäude untergebracht, das früher eine Wollspinnerei war. Wie nahezu alles in Røros ist auch die Töpferei nicht alt (die Stadt wurde vor nicht einmal dreihundert Jahren gegründet) – sie begann 1993 als Arbeitsbeschaffungsmaßnahme. Aber wie so vieles in Røros steht auch diese Töpferei mit mindestens einem Bein in der Tradition.

Der ursprüngliche Gedanke war, eine Töpfertradition des Distrikts Trøndelag wiederaufleben zu lassen. Nicht weil in Røros früher einmal besonders viel Keramik hergestellt worden wäre, sondern weil es dort eine starke und lebendige Handwerkstradition gibt.

Robin Schellenberg, der Leiter der Potteriet, fühlt sich in dieser Tradition sehr wohl. Er ist halb Rørosing, halb Schweizer, sein Vater war Chirurg, sein Bruder arbeitet «auf traditionelle Weise» in der Forstwirtschaft, und das heißt in der Schweiz: mit Pferd oder Seilbahn. Eine komplexe Arbeit: Wenn nach einem Sturm die Baumstämme wie Mikadostäbe an den steilen Abhängen liegen, muss jeder Handgriff sehr gründlich überlegt sein.

«Ich sah, wie schön und stolz die Arbeit mit den Händen

war. Dennoch habe ich erst Sprachen studiert, weil mir das Spaß machte. Aber mit der Zeit hat mir die Arbeit mit den Händen zu sehr gefehlt.»

Er besuchte eine Glasbläserschule in Schweden, wo er in drei Jahren zum Glasapparatebauer ausgebildet wurde, lernte in Dänemark Glasdesign und kehrte nach Røros zurück.

«Hier gefällt es mir. Røros hat Werte. Hier lebt Geschichte und wird geschätzt. In den Jahren seit Røros Weltkulturerbe wurde, hat man in der Stadt den Wert des Status erkannt und gelernt, das Alte zu bewahren», sagt Robin. Als Beispiele nennt er die vielen Handwerksbetriebe, den Umstand, dass Røros ein Zentrum regionaler, oftmals ökologisch erzeugter Lebensmittel geworden ist, aber auch die traditionelle Musik, die Tänze und die Trachten.

Die Wertschätzung des Weltkulturerbes entwickelte sich langsam. 1977 war das Kupferbergwerk von Røros endgültig geschlossen worden, nur drei Jahre später verhängte die Regierung Auflagen: Nicht nur konnten die Rørosinger nicht weitermachen wie bisher, sie durften ihre Stadt nicht einmal nach eigenen Vorstellungen gestalten, sondern mussten streng definierte Auflagen zum Denkmalschutz befolgen. Das wurde anfangs nicht gut aufgenommen.

Vierzig Jahre später hat sich die Situation umgekehrt. Über den Denkmalschutz wird in Røros praktisch nicht mehr diskutiert. Nachhaltig produzierte Lebensmittel, alte Häuser und das Museum existieren Seite an Seite mit Europas größtem Hersteller von Bürostühlen und der Forschungseinrichtung Sintef.

Während man in Norwegen die Wolle der eigenen Schafe fast für ein Abfallprodukt hielt, das man auf dem Weltmarkt

verkloppen konnte, begann die Weberei RørosTweed, Woll-
decken zu produzieren, die inzwischen nahezu Kultstatus
erreicht haben. Sie kosten zehnmal so viel wie eine Decke
von IKEA, das gilt auch für die Tassen aus der Potteriet. Die
kosten vielleicht sogar einhundertmal so viel.

Das Wort, der Name, die Marke *Røros* ist gleichbedeutend
mit Qualität geworden, die zudem auf Traditionen beruht.
Die Molkerei von Røros hat ein altes Verfahren wieder-
belebt, mit Hilfe des Gemeinen Fettkrautes, einer robusten,
anspruchslosen Pflanze, verschiedene Sauermilchprodukte
herzustellen, und das zu einem kommerziellen Erfolg gemacht.

Røros' wirtschaftliche Entwicklung scheint nicht auf-
zuhalten zu sein. Ihre Geschichte ist vielleicht nicht besonders lang, aber wenn man nur tief genug gräbt, wird sie
immer vielfältiger. Zum Glück für das gesamte nordische
Kulturerbe und sie selbst haben die Rørosinger offenbar
genau das im Blut.

In Røros darf man offenkundig Wurzeln haben. Man
darf stolz darauf sein, woher man kommt, und scheut sich
nicht, diese Wurzeln zu etwas Neuem weiterzuentwickeln.
In Røros arbeitet jeder vierte Erwerbstätige im verarbeiten-
den Gewerbe, dreimal mehr als im Landesdurchschnitt.

Gibt es einen Zusammenhang zwischen dem Wert, der
aktiven Arbeitshänden beigemessen wird, und der Zen-
tralisierung? Der Landflucht? Der Entvölkerung von Dör-
fern? Die Bevölkerung von Røros wächst. Zurzeit sind es
5500 Einwohner, für 2040 rechnet das statistische Zentral-
büro mit einem Zuwachs von etwa fünfhundert Personen.

Nicht jede Kommune kann eine Universität, ein Gericht,
eine Distriktregierung, ein privates Forschungszentrum

oder Ähnliches aufweisen, das gut Ausgebildeten Arbeitsplätze bietet. Aber alle norwegischen Gemeinden können Kleinindustrie sowie, zumindest im Verhältnis zur Einwohnerzahl, eine Großindustrie und nicht zuletzt den primären Wirtschaftssektor haben: Wald, Landwirtschaft, Fisch, Gebirge. Überall werden Arbeitskräfte gebraucht, die mit beiden Händen anpacken können.

Würde es in Norwegen weniger Menschen in die Ballungsräume ziehen, wenn die manuelle und praktische Arbeit einen anderen Stellenwert hätte?

❋ ❋ ❋

KAPITEL 6

In dem ich still sitze und
Vögel beobachte

Das Außenklo der Hütte ist bald fertig. Die vier Eck-balken stehen sicher im Boden, Tür und Fenster sind eingesetzt, die Schindeln hängen noch an der Wand, der Regen fließt gut über die Dachplatten, die erste Wacholder-verkleidung, die ich geflochten habe, ist schon orangefar-ben geworden – alles, wie es sein sollte.

Kann ich mich rühmen, jene Nähe hergestellt zu haben, die ich gesucht habe? Kurze Wege zwischen Material und Produkt? Die Herstellung der Wandverkleidung und der Schindeln sind für mich inzwischen Routinetätigkeiten und nicht mehr wirklich spannend, aber sie sind nach wie vor befriedigend, und es gibt immer Verbesserungspotenzial.

Dass ich mein Baumaterial aus dem Moor hole, ist nicht nur eine willkommene Unterbrechung der monotonen Ar-beit, es gibt meinem Häuschen auch Zusammenhalt. Die Wand, die ich als erste mit Wacholder verkleidet habe, wirkt neben zwei ebenso grünen, struppigen und borstigen Ka-meraden nicht mehr ganz so merkwürdig.

Mit dem Fortgang des Winters verändern sich die He-rausforderungen. Durch die kürzeren Tage habe ich weni-ger Arbeitsstunden im Hellen, gleichzeitig kostet es mehr

Zeit und Kraft, die Hütte warm zu halten und Essen auf den Tisch zu bringen.

Die alten Hüttenwände sind schwer aufzuheizen. Im Grunde nehme ich die zweistündige Fahrt und den halbstündigen Fußweg abends auf mich, damit ich morgens mit der Arbeit anfangen kann, sobald es hell wird. Als Erstes muss der Küchenherd angefeuert werden. Er zieht nicht besonders gut, und wenn im Haus Minustemperaturen herrschen, kann es schwierig sein, überhaupt ein Feuer in Gang zu bringen – kalte Finger sind dabei ja auch keine große Hilfe. Aber mit der Zeit lerne ich meinen Herd kennen: Ich verstehe, dass ich keine Angst vor den halb verbrannten Scheiten haben muss, die noch im Herd liegen, ich darf nicht so viel Zeitungspapier draufpacken, sondern muss mir die Mühe machen, die ersten Holzscheite möglichst dünn zu spalten. Ich lerne, dass die Wachsreste, die am Boden der Teelichter zurückbleiben, Gold wert sind.

Nach etwa einer Stunde, wenn der Ofen gut zieht und das Ofenrohr schon etwas warm ist, feuere ich auch den Kamin in der Stube an. Er trägt nicht viel zum Aufwärmen der Wände bei, aber im Sessel davor wird es gemütlich. Am ersten Abend werden die Hüttenwände sowieso nicht richtig warm. Schon am nächsten Morgen steigen die Grade schneller und nach dem zweiten Arbeitstag wächst die Hoffnung, dass man nach einigen Stunden Heizen im Haus die Mütze ablegen kann.

Die Öfen sind hungrig. Fichtenholz brennt schnell. Zum Glück kann ich einen Baum binnen eines Tages zu Brennholz machen: Ich kann ihn fällen, entasten, in Blöcke teilen, in Scheite spalten und diese aufstapeln.

Diese Arbeit ist gut, denn sie ist abwechslungsreich. Das Fällen ist spannend, das Entasten langwierig, das Zersägen anstrengend, besonders im Schnee, aber immer ein großes Motorsägenvergnügen. Auch nach der Lektüre von Lars Myttings Buch über Holz habe ich keine Freude daran, Brennholz besonders schön zu stapeln. Mein Höhepunkt ist das Holzhacken.

Ich hätte ehrlich gesagt nie gedacht, dass ich mit der Axt einmal so vertraut sein würde. Bis ich fünfundzwanzig Jahre alt war, wusste ich kaum, was eine Axt ist, es war also nicht verwunderlich, dass ich mich anfangs ungeschickt anstellte. Aber was bringt es, sich darauf zu berufen, wenn man vor einem großen runden Klotz steht und ein ums andere Mal versagt, während andere ringsherum mühelos dünne Scheite hacken? Es fällt mir oft schwer, offen und dankbar von denen zu lernen, die etwas besser können als ich. Ich gelobe Besserung.

Aber mit der Axt, und darauf bin ich stolz, habe ich mich allein vertraut gemacht. Wo keiner mich sieht. Ich habe entdeckt, dass Holzhacken keine Kunst, sondern eine Frage der Übung ist, mit jedem Schlag begreift der Körper besser, was er tun soll, bis der Ablauf schließlich sitzt und ich meistens richtig treffe.

Mit meinem Bauprojekt konnte ich eine neue Seite von mir ausprobieren, mit ihr spielen und mir eingestehen, Fehler zu machen. Es war frustrierend und schwierig, aber ich habe dabei oft, vielleicht sogar meistens, eine Ruhe gefunden, die ich sonst allzu selten erlebe.

Ich bin eine Frau, habe eine Begabung für Theorie und war eine gute Schülerin, Stillsitzen bereitet mir keine erkennbaren Probleme – und doch verspüre ich den Drang, etwas zu erschaffen: physisch, konkret, mit eigenen Händen.

Ich wollte etwas erschaffen. Nicht etwas ausbessern, auseinandernehmen und neu zusammensetzen, bis es perfekt war, sondern wirklich etwas produzieren. Ich bin nicht wie *Der Erfinder*, der im norwegischen Fernsehen viele Folgen lang zeigte, wie er eigenhändig sein altes Bauernhaus renovierte und verbesserte. Es ist toll, dass es ihn gibt und er das alles im Fernsehen vorführen kann, aber man muss kein solcher Alleskönner sein, wenn man selbst etwas herstellen möchte.

Es geht einzig und allein darum, dass nicht alles perfekt sein muss, denn sonst könnte man nie anfangen. Und anfangen muss man, man muss erleben, wie viel Spaß es macht, selbst etwas zu bauen, und sei es nur ein etwas windschiefes, aber überaus charmantes Klohäuschen. Wichtig ist das Gefühl, sich das Ergebnis vorzustellen, und zu wissen, welche Schritte dafür nötig sind, welche Werkzeuge man braucht, bis ins kleinste Detail wie beispielsweise dem, dass ich das Dach mit Sechskantschrauben befestigen werde und daher einen Adapter für den Bohrer besorgen muss. Das habe ich gelernt, und jetzt kann ich es.

Das Hüttenklo hat mir andere Hände beschert. Ich liebe meine Hände nach einem Arbeitstag mit Wänden, Dach und Fußboden. Wahrscheinlich bilde ich mir nur ein, dass meine Handgelenke etwas breiter geworden sind, aber ich bin mir absolut sicher, dass die Hände umso geschickter sind, je rauer ihre Haut ist.

Dieses Buch lässt sich unter dem Motto «Bewahren durch Gebrauch» zusammenfassen. Von fleißigen Fingern bis zur weiten Landschaft, nichts darf geschont werden. All meine Worte sind das Papier nicht wert, auf dem sie gedruckt sind, wenn den Worten keine Taten folgen.

Jetzt heißt es loslegen. Rausgehen und bauen. Loslegen und abreißen, graben, roden, hämmern, schlagen, schrauben, fällen, pflanzen, ernten, jäten, schlachten, sich dranmachen und spinnen, nähen, flicken, mahlen, schroten, messen, machen, schuften, backen, harken, dämpfen, bügeln, sich anstrengen, sich auspowern, spielen.

Raus und bewahren – raus und gebrauchen.

Dann, eines Abends, ist das Außenklo fertig. Am nächsten Morgen sitze ich da. Ich lasse die Tür zu meinem Wald offen stehen, kann im Türrahmen noch die Ecke der Hütte sehen. Gerade in diesem Moment setzt sich ein winziges Wintergoldhähnchen auf eine der Fichten da draußen.

Ich blieb lange sitzen, mag aber nicht viel darüber sagen, wie es war. Ich glaube, man kann es sich vorstellen. Aber ich sage es mal so: Das ist nicht das letzte Haus, das ich gebaut habe.

NACHWORT

In dem ich einen neuen Spielplatz finde und Wurzeln schlage

Das Klohäuschen und die dazugehörende Hütte haben mir Wurzeln gegeben, von deren Existenz ich nichts wusste. Die Hütte ist der einzige Ort, an dem ich schon immer war, jetzt war ich dort öfter denn je und habe Lust, auch in Zukunft dorthin zu kommen.

Und dann – bei allem, was sonst noch passiert – fällt das Ende dieses Buches damit zusammen, dass ich heimkehre.

Nein, es ist kein Filmtrick: Gerade als ich letzte Hand an diesen Text lege, kommt eine E-Mail, dass mein Lebensgefährte und ich den Zuschlag für ein Haus bekommen haben. Mein erstes. Und nicht irgendein Haus, sondern eines, in dem ich als Kind oft war, denn es liegt in meinem Heimatdorf. In Holmedal.

In einigen Monaten werde ich umziehen. Ich sehe, wenn auch aus einem anderen Haus, wieder auf den Fjord hinab, an dem ich aufgewachsen bin, die Schule, über die mich so geärgert habe, die Kirche, in der ich nicht konfirmiert wurde – und die Fabrik, die mir so viel bedeutet. Wenn ich einmal morgens etwas länger schlafe und das Fenster öffne, höre ich wieder den Fallhammer. Ich kann zu meinem jüngeren Bruder hinunterradeln und in seinem Büro eine Tasse Pulverkaffee bekommen (oder Filterkaffee aus der Maschine, die er inzwischen angeschafft hat, da war ich ganz auf seiner Seite). Und nicht zuletzt: Wenn ich aus meiner Tür trete, bin ich in einer halben Stunde an meiner Hütte.

Warum ziehe ich dorthin? Das Haus ist etwas alt, aber nicht baufällig, gemütlich, aber nicht eng, rot, mit einem Baum am Haus, Beerensträuchern und großen Steinplatten auf einem Vorhof, der von einem Vorratsschuppen aus dem 19. Jahrhundert, einem Laubengang und einer großen gemauerten Feuerstelle umgeben ist. Auf der Rückseite des Hauses sind Nebengebäude, die groß genug sind für eine Schreinerwerkstatt, da können wir eine Säge haben. In einem noch halb eingerichteten Schuppen, wo Fleisch weiterverarbeitet wurde, kann ich vielleicht Leder gerben oder Käse machen, in der Garage ein Ruderboot an die Decke ziehen, wenn ich denn eins bekomme. Es gibt weder Äcker noch Ställe, aber mehr als genug Platz für Hühner und Kaninchen.

Die Nebengebäude und das Grundstück sind fast wichtiger als das Wohnhaus: Sie bieten mir unendlich viel guten, traditionellen und doch brandneuen Platz zum Machen. Spielplatz. Bauplatz. Bisselplatz, sagt man bei uns, ein Wort, das man für vieles gut benutzen kann: *Bisseln* bedeutet, sich mit etwas zu beschäftigen, das nicht unbedingt schnell, aber stetig vorangeht. Man macht es, darum geht es, aus Freude an der Sache. Weil es schön ist. Das ist wichtig.

Bisselplätze gibt es natürlich an vielen Orten. Und doch liegt dieses Haus genau hier. Der Wunsch, wieder in mein Heimatdorf zu ziehen, ist nicht die romantische Vorstellung, zur Unschuld meiner Kindheit zurückzukehren. Der Dalsfjord ist schön, aber das sind auch viele andere Fjorde, außerdem habe ich gerne direkt am Meer gewohnt, und zwei Stunden Fahrzeit in die Heimat waren lange die richtige Entfernung. Bis jetzt. Denn jetzt habe ich etwas beizutragen: meine Hände.

Ich kehre heim – mit meinen Händen.

René Wadas
Der Pflanzenarzt
Mein großes Praxisbuch für Garten und Balkon

Die besten Ratschläge des Pflanzenarztes
– kompakt und übersichtlich

Im Gemüsebeet, Schrebergarten oder
auf dem Balkon blüht und gedeiht längst
nicht immer alles so, wie man es sich
wünscht. Aber was können Sie für Ihre
Schützlinge tun, wenn diese mit Schäd-
lingen kämpfen oder an einer Pflanzen-
krankheit leiden? Hier kommt René
Wadas ins Spiel: Er versteht, was seine
grünen Patienten brauchen, weiß, was

288 Seiten

gegen Blattläuse, Raupen und Pilzerkrankungen hilft, und in den
meisten Fällen kann er dabei ganz auf Chemie verzichten. In diesem
Praxisbuch hat der beliebte Pflanzenarzt seine wichtigsten Tipps und
Tricks zusammengestellt, klar gegliedert von der Wurzel bis zur Blüte.
So wird jeder Hobbygärtner zum Pflanzenversteher!

Weitere Informationen finden Sie unter **rowohlt.de**

Regine Rompa
Unser Hof in der Bretagne
Neuanfang zwischen Beeten, Bienen und Bretonen

Regine Rompa hat es satt: die Groß-
stadt, den Stress, das viele Arbeiten. Da
muss es doch noch etwas anderes geben!
Von einem Tag auf den nächsten kün-
digt sie ihren Job in Berlin und zieht mit
ihrem Freund Anton auf einen abgelege-
nen alten Hof in die Bretagne. Ihr Ziel:
ein einfaches, aber sinnvolles Leben zu
führen. Im Einklang mit sich und der
Natur, mit viel Zeit für die Menschen
und Tiere um sich herum, mit dem
Wunsch, ihre Nahrung weitestgehend
selbst anzubauen. Das alles ohne Ahnung von Landleben oder Landwirtschaft – und ohne Französisch sprechen zu können! Klar, dass da
im neuen Leben nicht alles glatt läuft ...

272 Seiten

Weitere Informationen finden Sie unter **rowohlt.de**